수학이
보이는

루이스 캐럴의
이상한 여행

수학이 보이는
루이스 캐럴의 이상한 여행

1판 1쇄 펴냄 2023년 3월 24일
1판 2쇄 펴냄 2024년 2월 28일

지은이 문태선

주간 김현숙 | **편집** 김주희, 이나연
디자인 이현정, 전미혜
마케팅 백국현(제작), 문윤기 | **관리** 오유나

펴낸곳 궁리출판 | **펴낸이** 이갑수

등록 1999년 3월 29일 제300-2004-162호
주소 10881 경기도 파주시 회동길 325-12
전화 031-955-9818 | **팩스** 031-955-9848
홈페이지 www.kungree.com
전자우편 kungree@kungree.com
페이스북 /kungreepress | **트위터** @kungreepress
인스타그램 /kungree_press

ISBN 978-89-5820-820-4   03410

예술 너머 수학 03

수학이 보이는

루이스 캐럴의 이상한 여행

문태선 지음

궁리
KungRee

$$4 \times 5 = 12$$
$$4 \times 6 = 13$$

이런 계산을 보신 적이 있나요? 저 곱셈구구단은 제게 『이상한 나라
의 앨리스』 속 토끼와 같은 존재였습니다. 앨리스가 회중시계를 보
며 뛰어가는 토끼를 따라 굴속으로 들어갔듯이, 저 역시 이상한 곱셈
구구단을 따라 루이스 캐럴이 만든 '이상한 나라'와 '거울 나라'로의
여행을 시작했거든요.

이상한 나라에 빠져들기란 생각만큼 쉽지 않았습니다. 도대체 무
슨 말을 하고 있는 건지, 어느 대목에서 웃어야 하는 건지, 이 책이
왜 그렇게 오랫동안 읽히고 있는 건지 도무지 알 수가 없었으니까
요. 그런데 루이스 캐럴이라는 사람과 그가 살았던 시대, 문화, 수학
적 배경 같은 것들을 알게 되면서 이상한 나라가 조금씩 이해되기
시작했습니다. 거울 앞에 서서 혼자 노는 엉뚱한 경험을 하면서 캐
럴이 만든 거울 나라로의 여행도 가능하게 되었죠. 모르고 볼 때는
따분하기 그지없던 앨리스 이야기가 새롭게 보이기 시작했습니다.
150년이 넘게 꾸준히 읽히고 있는 이유도 비로소 알 것 같았구요. 동
화처럼 보이는 이야기 속에 얼마나 많은 풍자와 논리, 역설 같은 것

들을 은근하게 실어두었는지 알면 알수록 참 놀라웠습니다. 그래서 말해주고 싶었습니다. 앨리스 이야기는 어린이만을 위한 동화책이 아니라 빅토리아 시대를 수학으로 풍자한 최초의 판타지였다고 말입니다.

사실 캐럴은 앨리스 이야기에 대한 수학적인 해석을 한 적이 없습니다. 그는 단지 아이들을 즐겁게 해주고 싶다는 순수한 의도로 동화를 썼거든요. 놀랍게도 앨리스 이야기에 대한 수학적 해석은 모두 이후의 수학자들에 의해 이루어졌습니다. 마틴 가드너(Martin Gardener)나 멜라니 베일리(Melanie Bayley) 같은 수학자들이 대표적입니다. 그러나 이 책의 테마가 저자와 함께 떠나는 여행이기 때문에 후대 수학자들의 해석을 캐럴의 입을 통해 들려주게 되었습니다. 과연 캐럴은 자신의 속마음을 들켰다고 생각할까요? 아니면 전혀 다르게 해석되고 있다는 사실에 놀라워하고 있을까요? 그건 아무도 모르는 일입니다.

책 속에는 우리에게 익숙하지 않은 캐럴의 농담이나 수수께끼가 여전히 많이 남아 있습니다. 그 비밀스러운 속삭임을 모두 알고 싶은 마음은 간절하지만 어쩌면 그것은 애초에 불가능한 일이었을 겁니다. 저자의 깊은 의도를 독자가 모두 알아채기란 어려운 법이니까요. 그러니 우리는 캐럴이 은밀히 숨겨놓고자 했던 수학적인 메시지를 숨은 그림 찾기 하듯 하나씩 찾아내는 것에 만족해야 할 것 같습니다. 앨리스 이야기 저변에 깔려 있는 수학적인 농담을 아는 것만으로도 책의 내용을 더욱더 풍성하게 이해할 수 있게 될 테니까요. 그리고 그런 배경을 알고 옥스퍼드의 크라이스트 처치를 방문한다면 최초의 판타지 동화작가인 캐럴과 해리 포터의 만남이 결코 우연이 아니었음을 알게 될 것입니다.

크라이스트 처치 입구 오른편에서 한결같은 미소로 우리를 기다리는 루이스 캐럴. 그를 직접 만나고 옥스퍼드의 구석구석을 돌면서 앨리스의 흔적을 찾아보는 여행을 이 책과 함께 해보시는 것은 어떨까요? 아마 잊지 못할 추억을 선물받게 될 것입니다.

Enjoy your journey with Lewis Carroll.

2023년 봄에
문태선 드림

| 여행 1일차 | 옥스퍼드 산책과 토끼 굴 여행

| 여행 2일차 | 뱃놀이와 미친 다과회

| 여행 7일차 | 크라이스트 처치에서 만난 앨리스와 해리 포터

| 부록 |

『이상한 나라의 앨리스』 줄거리

6장. 돼지와 후추
~
공작부인의 집을 발견한 앨리스는
후추 때문에 재채기를 하며 울어대는
아기를 구출한다. 그런데 아기는
돼지로 변해 도망가고 체셔
고양이를 만나 길을 묻는다.

7장. 미친 다과회
~
3월 토끼가 사는 집을 찾아간
앨리스는 탁자를 돌며 차를 마시는
모자 장수와 3월 토끼, 잠쥐를 만난다.
이상한 대화 끝에 자리를 뜬
앨리스는 처음에 봤던 작은 문을
발견한다.

5장. 애벌레의 충고
~
토끼 집을 탈출해 애벌레를 만난
앨리스는 몸의 크기가 자꾸 변해 불편하다는
하소연을 한다. 애벌레의 충고에 따라
버섯을 뜯어 먹던 앨리스는 몸의 크기를
조절할 수 있게 된다.

8장. 여왕의 크로케 경기
~
버섯을 먹고 키가 작아진 앨리스는
마침내 작은 문을 통과해 정원 안으로
들어간다. 그리고 계속해서 '목을 쳐라'라고
외치는 무시무시한 하트 여왕과
크로케 경기를 한다.

4장. 토끼가 꼬마빌을 보내다
~
토끼를 다시 만난 앨리스. 집에 가서
장갑과 부채를 가져오라는 토끼의 심부름을
하다가 물약을 먹고 엄청나게 커진다.
그러다 과자로 변한 돌멩이를 먹고
다시 작아진다.

9장. 가짜 거북의 이야기
~
하트 여왕은 앨리스에게 가짜 거북을
만나보라고 한다. 그리폰이라는 괴물의
안내로 가짜 거북을 만난 앨리스는
수업 시간이 왜 매일 줄어들 수밖에
없는지에 대해 이야기한다.

3장. 코커스 경주와 긴 이야기
~
눈물 웅덩이에 빠진 앨리스와 동물들은
몸을 말리기 위해 코커스 경주를
시작한다. 그리고 생쥐의 긴
이야기를 듣는다.

10장. 바닷가재의 춤
~
앨리스는 그리폰, 가짜 거북과
함께 바닷가재의 춤을 춘다.
가짜 거북이 앨리스를 위해 노래를
불러주던 중에 갑자기 재판이
시작된다는 외침이 들린다.

2장. 눈물 웅덩이
~
케이크를 먹고 커진 앨리스는 작은 문으로
들어가지 못해 울음을 터트린다.
토끼가 놓친 부채를 부치며 작아지던
앨리스는 자신이 누군지 확인하려고
이상한 구구단을 외운다.

11장. 누가 파이를 훔쳤을까?
~
하트 왕과 여왕은 파이를 훔쳤다고
의심받는 하트 잭을 심문한다.
목격자인 모자 장수와 공작부인의 요리사를
불러 심문하더니 다음 증인을 부르는데,
그 사람은 바로 앨리스!

1장. 토끼 굴로 떨어지다
~
앨리스가 하얀 토끼를 따라가다가
굴속으로 떨어진다. 긴 복도에서
정원이 있는 작은 문을 본 앨리스는
그곳으로 들어가기 위해 물약을
마시고 작아진다.

12장. 앨리스의 증언
~
앨리스의 몸은 줄곧 커지고 있었다.
덩달아 자신감도 커진 앨리스는
엉터리 같은 재판을 참지 못하고
결국 자신을 향해 쏟아지는 카드들을
쳐내다가 잠에서 깨어난다.

1장. 거울 속의 집
~
어느 겨울날. 고양이 키티와 함께
놀던 앨리스는 안개처럼 변한 거울을
통과해 거울 속 방안으로 들어가게 된다.
거울 나라가 궁금해진 앨리스는
또다시 모험을 시작한다.

3장. 거울 나라의 곤충들
~
하얀 졸이 되어 체스게임에 뛰어든 앨리스.
기차를 타고 체스판의 네 번째 칸으로
이동한다. 기차 안에서 만난 커다란
모기와 '곤충들의 이름'에 대한 대화를
나눈 후 '이름 없는 숲'을 통과한다.

2장. 말하는 꽃들의 정원
~
앨리스는 집 밖으로 나와 언덕을
오르려 하지만 자꾸만 집으로 되돌아오는
이상한 경험을 한다. 그리고 말하는
꽃들이 사는 정원에서 붉은 여왕을
만나 달리기를 한다.

4장. 트위들덤과 트위들디
~
트위들덤과 트위들디를 만난 앨리스는
잠을 자며 '앨리스에 대한 꿈'을 꾸고 있는
붉은 왕을 보게 된다. 트위들 형제들
말처럼 왕이 잠에서 깨어나면
앨리스는 사라지는 걸까?

7장. 사자와 유니콘
~
4207명의 병사를 이끌고 온 하얀 왕은
앨리스와 함께 사자와 유니콘의 싸움을
구경하러 간다. 앨리스는 먼저 나누어
주고 나중에 자르는 거울 나라 식
케이크 자르는 법을 배운다.

5장. 양털과 물
~
하얀 여왕의 숄을 잡다가
'기억이 거꾸로 작용하는 곳'에 도착한
앨리스. 여왕이 말한 나이를 도무지
믿을 수 없다. 그러다 염소로 변한
여왕과 가게와 강을 오가는
이상한 경험을 하게 된다.

6장. 험프티 덤프티
~
앨리스는 가게에서 산 달걀을
잡으려다 험프티 덤프티를 만난다.
생일이 아닌 날 선물을 받는다는
험프티 덤프티는 단어의 의미를
자기 마음대로 정해 앨리스를
혼란스럽게 한다.

8장. "이건 내 발명품들이야"
~
붉은 기사와의 결투에서 승리해 앨리스를
구하는 하얀 기사. 자신이 직접 발명했다는
물건들을 주렁주렁 매달고 다니는
하얀 기사가 앨리스를 마지막
개울까지 안내해준다.

10장. 흔들림
~
앨리스를 혼란스럽게 했던
붉은 여왕을 잡아 흔들던 앨리스는
여왕의 모습이 변해가는
모습을 보게 되는데 그것은
바로 …

9장. 앨리스 여왕
~
마침내 여왕이 된 앨리스는
자신을 위한 만찬에 참석한다.
하지만 하얀 여왕과 붉은 여왕 사이에
끼어 음식과 인사만 해야 했고,
급기야 화가 난 앨리스가
식탁보를 잡아당긴다.

11장. 깨어남
~
새끼 고양이 키티였다.

12장. 누구의 꿈이었을까?
~
꿈에서 깨어난 앨리스는 생각한다.
'꿈을 꾼 건 나였을까 아니면
붉은 왕이었을까?'

서울/인천 공항(ICN) ✈ 영국/런던 히드로 공항(LHR)

두근두근!

비행기가 이륙하는 순간부터 마르코의 심장 박동은 세차게 뛰기 시작했다. 오랜만에 떠나는 여행이라 그런가? 아니면 150년 전 사람을 만나러 간다는 비현실적인 상황이 믿기지 않아서일까? 마르코는 두려움과 설렘 사이를 오가는 마음을 애써 누르며 차분히 책을 집어 든다.

『이상한 나라의 앨리스』와 『거울 나라의 앨리스』. 이 두 책은 출판이 시작된 이후 한 번도 절판된 적이 없다는데… 지금도 100개가 넘는 언어로 번역되어 전 세계 사람이 읽고 있다는데… 이렇게 유명한 동화를 쓴 루이스 캐럴이라는 작가는 도대체 어떤 사람일까? 그분이 사실은 수학자였다고 어디서 들은 거 같은데 정말일까? 어떻게 수학자가 이런 책을 쓸 수 있을까?

궁금한 마음을 한가득 안고 마르코는 책장을 넘긴다. 그런데 책에 빠져들기는커녕 연신 하품만 해대는 마르코. 그러다 까무룩 잠에 빠져들고, 그렇게 런던 히드로 공항에 도착한다.

M   (난감한 표정으로 공항을 나서며) 큰일이네.

　　앨리스가 토끼 굴로 들어가는 부분까지밖에 못 읽었는데 어떡하
　　지? 책도 안 읽고 왔다고 하면 선생님께서 실망하실 텐데…

　한편 캐럴 선생님은 팻말을 들고 공항 출구에 서서 주머니 속 회중시
계를 1분이 멀다 하고 꺼내 본다.

C   (초조한 듯 발을 구르며) 나올 때가 되었는데…

　　혼자서 캐리어를 끌고 나오는 10대 아이를 찾으면 될 거 같군.

M   (팻말을 발견하고) 어! 제 이름을 들고 계신 걸 보니 캐럴 선생님
　　이시군요.

C   네가 바로 마르코구나!

　　제시간에 나온 걸 보니 공항 안에서 헤매지 않은 모양인데?

M   네. 혼자서 여행을 몇 번 다니다 보니 이제 공항을 빠져나오는
　　데 요령이 생겼어요.

C   혼자서도 씩씩하게 여행을 잘 다니는구나. 그럼 출발해볼까?

M   혹시 저희 옥스퍼드로 바로 가나요?

　　런던을 들렀다 가진 않구요?

C   런던에 볼일이라도 있는 거냐?

M   네. 꼭 들러야 하는 곳이 있거든요.

　　그리고 영국까지 왔는데 런던을 못 보고 가면 너무 아쉽잖아요.

C 그렇다면 마지막 날 시간을 만들어보자. 한국으로 돌아가는 비행
   기 시간이 늦은 오후니까 잠깐 들르는 정도는 가능할 거 같구나.

M (깡충 뛰며) 야호! 신난다.

C 그럼 어서 가자.

   (다시 회중시계를 꺼내 보며) 옥스퍼드까지는 2시간 정도 걸리니
   까 부지런히 가면 저녁을 먹을 수 있을 거야.

마르코는 성큼성큼 큰 걸음으로 앞서 걷는 캐럴 선생님을 따라가느라
정신이 없다. 그 와중에도 1.8미터쯤 되어 보이는 큰 키와 호리호리한 몸
매, 꼿꼿하게 세운 허리춤이 참 멋지다고 생각한다. 갈색이었던 곱슬머
리가 회색으로 물들어가는 것을 보면 분명 나이가 지긋한 노신사임이 분
명한데도 경쾌한 걸음걸이를 보면 젊은이 못지않은 에너지가 느껴진다.

C (손가락으로 가리키며) 저기 옥스퍼드로 가는 버스를 타면 되겠다.

M 옥스퍼드까지 한 번에 갈 수가 있군요.

C 그래. 세상이 참 좋아졌어. 내가 살던 시대에는 옥스퍼드까지 가
   려면 마차를 타고 꼬박 이틀을 달려야 했거든.

M 아… 마차를 타던 시대였군요.

C 그럼! 내가 1832년에 태어나서 1898년까지 살았으니까. 물론
   1860년대 즈음에 증기로 가는 자동차가 나오긴 했어. 그런데 마
   차를 보호하는 법률이 만들어져서 자동차를 타고도 빨리 달리지
   를 못했지.

M 마차를 보호하는 법률이요?

C 그래, 대표적인 게 자동차의 속도 제한이었어. 시내에서는 시속 4킬로미터, 시외에서도 시속 6킬로미터를 넘지 못하게 했거든. 자동차로 달리다가 마차를 만나면 무조건 정지해야 하고, 심지어 말이 놀랄까봐 증기를 내뿜지 말라고도 했는걸.

M 아무래도 제가 타고 온 건 비행기가 아니라 과거로 가는 타임머신이었나 봐요.

C 시간 여행은 내가 하고 있는 거 같은데?
가끔 이렇게 시내에 나오게 되면 바뀐 모습을 보면서 깜짝깜짝 놀라거든. 내가 살던 시대는 마차와 자동차의 속도만큼이나 삶의 속도도 느리고 여유로웠으니까.

M 맞아요. 지금은 모든 게 너무 빨라서 정신이 없어요.
가끔은 내가 누군지 생각할 시간도, 여유도 없어서 저를 잃어버릴 것만 같다니까요?

C (깜짝 놀라며) 그래? 그거참, 하하하.

M 왜 웃으세요?

C 내 책을 보고 왔는지는 모르겠지만 『이상한 나라의 앨리스』를 읽다 보면 계속해서 반복되는 질문이 하나 있거든. '나는 누굴까?' 하는 질문이 바로 그거란다.

M 아… 그렇군요. 솔직히 고백하자면 여기 도착하기 전에 책을 다 읽으려고 했거든요. 그런데 어찌나 잠이 쏟아지던지 앞부분밖에 읽지 못했어요. 죄송해요.

C 죄송할 거 없다. 내가 앨리스에게 해줬듯이 직접 들려주면 되잖니.

M (기뻐하며) 정말요? 작가님께서요?

C (한쪽 눈을 찡긋하며) 그럼. 내가 아무한테나 책을 읽어주고 그러
진 않거든. 그런데 나를 만나러 이 먼 곳까지 날아왔으니 그 정도
는 해줘야 하지 않겠니?

M 저자의 낭독이라니… 정말 영광입니다.

옥스퍼드까지 가는 버스는 금세 복잡한 시내를 벗어난다. 한적하기
그지없는 넓은 초목과 뜨문뜨문 나타나는 붉은 벽돌의 집들이 더없이
평화로워 보인다. '이런 게 영국의 분위기인가 보다'라고 생각하며 하염
없이 창밖을 바라보던 마르코는 어느새 창문에 머리를 기대고 깊은 잠
에 빠져든다.

C 거의 다 왔으니 이제 일어나자.

M (눈을 게슴츠레 뜨고 밖을 내다보며) 네? 아! 여기가 옥스퍼드군요.

우와~ 공항에서랑은 전혀 다른 분위기인데요?

고풍스럽고 우아한 게 꼭 중세 시대 한복판에 와 있는 거 같아요.

C 그렇게 느껴질 만도 하지. 이 동네도 시간이 흐르면서 변하긴 했지

만 다른 곳에 비하면 과거의 모습을 잘 보존하고 있는 편이거든.

M 여기서 생활하시면 과거 속에 살고 있는 느낌이 들겠어요.

C 내 인생의 대부분을 보낸 곳이라 더욱 그렇단다.

M 이런 곳에서 평생을 사는 기분은 어떤 걸까요?

옥스퍼드 대학은 지금도 세계 최고의 명문으로 통하잖아요.

저도 대학생이 된 것처럼 이곳을 걸어보고 싶네요.

C 그야 어렵지 않지.

오늘은 늦었으니 일단 쉬고 내일 천천히 산책을 해보자꾸나.

마르코는 캐럴 선생님을 따라 버스에서 내린 후 어둑한 길을 걷는다. 이따금 우둘투둘한 돌바닥에 발이 걸려 넘어질 뻔도 하고, 쌩하니 지나가는 자전거에 부딪힐 뻔도 했지만 괜찮았다. 마르코에겐 이 모든 게 옥스퍼드만의 운치고 멋으로 느껴졌다.

그렇게 10여 분을 걸어 캐럴 선생님의 숙소에 도착한 마르코 짐을 풀고 잘 준비를 마쳤지만 도저히 잠이 오지 않는다. 옥스퍼드 안에 있는 숙소에서 머무는 것도, 앨리스가 했던 환상적인 모험을 떠나는 것도 모두 다 꿈만 같다. 하지만 내일의 여행을 위해 억지로 눈을 꾹 내리감는다. 토끼 굴로 떨어지는 상상을 하며…

옥스퍼드 산책과
토끼 굴 여행

TICKET

아래로. 아래로. 아래로.

깜깜하고 깊은 터널을 따라 끝없이 떨어지고 있는 느낌이 들었다. 어딘가로 쑥 빨려 들어가는 기분을 느꼈던 것도 같다.

'지금 내가 어디로 떨어지고 있는 거지? 이렇게 내려가다가 단단한 바닥에 부딪히기라도 하면 어떡하지?'

순간 두려운 마음이 들었지만 얼마 지나지 않아 깨달았다. 몸이 깃털처럼 가볍게 천천히 떨어지고 있다는 것을.

'높은 곳에서 낙하하는 놀이기구를 탔을 때의 느낌. 그 무중력의 상태를 한없이 느리게 반복하면 이런 느낌일 거야. 이렇게 떨어지는 건 나쁘지 않네. 그런데 예전에도 이런 꿈을 꾼 적이 있었던가?'

마르코는 꿈속인데도 생생하게 느껴지는 무중력의 상태가 놀랍다고 생각한다. 어느새 떨어지는 상태에 적응한 것인지 이런저런 상상의 나래를 펼치기 시작한다. 그러다 갑자기 들린 '쿵!' 소리. 놀란 마르코가 엉겁결에 잠에서 깨어난다.

C   어이쿠! 미안하다. 바람이 불어서 문이 너무 세게 닫혔지 뭐냐.

M   아니에요. 저는 꿈속에서 떨어지다가 바닥에 세게 부딪히는 소리인 줄 알고 깜짝 놀랐어요.

C 떨어지는 꿈을 꿨다구?

M 네. 어두운 터널 같은 곳으로 끝없이 천천히 떨어지는 꿈이었어요. 느낌이 아주 이상하면서 생생했는데 언젠가 그런 꿈을 꾸었던 것도 같아요.

C 흠, 나는 그 꿈이 뭔지 알 거 같다.

M 네? 선생님이 어떻게 제 꿈을 아세요?

C 네가 어제 내 책을 앞부분까지만 읽었다고 하지 않았니?

M 그랬었죠.

C 앨리스의 모험 앞부분을 잘 떠올려봐라. 네가 꾼 꿈의 내용과 비슷하지 않니?

M 아! 듣고 보니 그러네요. 어제 제가 잠들기 전에 선생님과 함께 할 모험을 막 상상하면서 잠들었거든요.

C 아무래도 그래서 그런 꿈을 꾼 모양이다.

M 이럴 줄 알았으면 선생님 책을 더 많이 읽고 올걸 그랬네요. 그랬으면 선생님이 책을 읽어주시지 않아도 매일매일 꿈속에서 아주 생생하게 체험해볼 수 있었을 텐데 말이죠.

C 허허~ 너도 나처럼 좀 엉뚱한 구석이 있구나. 마음에 드는데?

M 정말요?

C 사실 내가 겉으로는 무척 반듯한 사람처럼 보이지만 속으로는 이상하고 엉뚱한 생각을 많이 하거든.

M 하긴 그런 면이 있으니까 앨리스 같은 책이 탄생했겠죠. 생각도 행동도 모범적이기만 하다면 어떻게 그런 기발한 상상을 하실 수 있었겠어요.

C 요 녀석! 책도 다 안 읽었으면서 말은 번지르르하게 잘도 하는구나.

M 꼭 책을 읽어야만 아나요? 검색만 해봐도 알 수 있어요. 앨리스 이야기는 책의 종류만 해도 엄청나요. 그림도 번역도 다양해서 도대체 어떤 책을 사야 할지 모를 정도로요. 그런데 알고 보니까 영어권 나라에서는 성경과 셰익스피어의 작품 다음으로 선생님 책이 가장 많이 인용되었다던데요?

C 그래?

M 그뿐만이 아니에요. 2015년에는 『이상한 나라의 앨리스』 탄생 150주년을 기념해서 전시회와 축제, 발레 공연 같은 이벤트를 여러 나라에서 열었대요.

C 흠… 그랬구나. 하여간 책 얘기는 나중에 하도록 하고, 어서 아침을 먹고 나갈 준비를 하자.

외출 준비를 마친 마르코와 캐럴 선생님이 숙소를 나선다. 가벼운 차림의 마르코와는 달리 캐럴 선생님은 가방 안에 무언가를 잔뜩 챙겨 넣으셨다. 출발 시각을 기억하려는 듯 캐럴 선생님은 또다시 주머니에서 회중시계를 꺼내 보신다.

『이상한 나라의 앨리스』가 나오기까지

M (주저하며) 선생님, 이런 말씀을 드려도 될지 모르겠는데요.

C 말해봐라.

M 회중시계를 꺼내 보시는 모습이 꼭… 토끼 같아요. 앨리스의 모험 첫 장면에 나오는 그 토끼 있잖아요.

C (웃음을 터트리며) 아하하하하. 내가 토끼 같다구?

M 네. 삽화를 보면 분홍 눈의 토끼가 체크 무늬 정장을 입고 주머니 속에서 줄 달린 회중시계를 계속 꺼내 보잖아요. '바쁘다 바빠'를 외치면서 이리저리 달려가구요. 선생님 모습이 딱 그 토끼 같아요.

C (회상하듯) 그래. 테니얼이 그린 삽화에서 토끼의 모습이 그랬지.

M 맞아요! 존 테니얼! 그분 삽화 말이에요. 앨리스 책이 유명하니까 그 이후로도 수많은 버전의 삽화가 나왔는데, 초판에 들어간 존 테니얼의 삽화는 여전히 최고로 손꼽힌대요. 두 분은 어떻게

작업을 함께하게 된 거예요?

C 사실 처음에 난 책을 낼 생각이 없었어. 그저 내 꼬마 친구인 앨리스를 기쁘게 해주려고 평소 들려주었던 이야기를 책처럼 만들었을 뿐이거든. 1년 넘게 손으로 글도 쓰고 그림도 그려가면서 어렵게 완성한 책을 앨리스에게 선물했지. 그런데 주변에서 그 이야기를 책으로 내보는 게 어떻겠냐고 그러더구나. 당시에 꽤 유명한 소설가였던 맥도널드는 내 필사본을 가져다가 아들인 그레빌에게 읽혀보기까지 했거든.

M 반응이 어땠어요?

C 앨리스 이야기를 다 읽고 나더니 '이런 책은 6만 권도 더 있어야 해요'라고 말했다는구나. 그 말을 듣고 나니 출판에 확신이 생겼어.

M 일단 시작이 좋네요. 출판하기 전부터 아이들의 반응이 뜨거웠으니까요.

C 그런데 내 투박한 그림으로는 안 되겠더라구. 그래서 친구들에게 전문 삽화가를 알아봐달라고 부탁했지. 그렇게 해서 추천받은 사람이 바로 존 테니얼이란다. 당시에 테니얼은 《펀치》라는 잡지의 유명한 풍자화가였어. 나는 기껏해야 수학책이나 몇 권 써본 무명작가였고.

M 엇! 수학책을 썼다구요? 선생님은 정말 수학자였군요.

C 몰랐었구나. 나는 학생들에게 수학을 가르치는 교수였어.
   글을 쓰는 건 내 습관이자 취미 생활이었지.

M 수학을 하시는 분이 글쓰기를 즐겨 하셨군요.

C 하여간 나와 테니얼은 계속해서 편지를 주고받으면서 작업을 했

캐럴이 처음 만든 책 『땅속 나라의 앨리스』

단다. 그 과정이 순탄하지는 않았지. 앨리스 이야기에 애정이 많았던 내가 그림의 세세한 부분까지 관여하는 바람에 테니얼의 고충이 상당했거든. 나 역시 출판하기엔 원고 분량이 적다는 요청을 받고 내용을 보충해야 했어.

초판본 『이상한 나라의 앨리스』

M 어떤 이야기를 더 넣으셨는데요?

C '미친 다과회'와 '체셔 고양이' 같은 이야기들을 새롭게 집어넣었지. 사실 맨 처음 내가 책에 붙인 제목은 '땅속 나라의 앨리스'였어. 앨리스가 토끼 굴에 빠져서 겪는 모험담만 있었으니까.

M 와~ 그 유명한 이야기들이 나중에 추가된 거군요.

C 내용을 추가하다 보니 분량이 처음보다 거의 두 배쯤 되더구나. 게다가 앨리스의 모험이 땅속 나라 말고도 다른 여러 장소에서 펼쳐졌기 때문에 제목을 수정해야 했지.

M 그래서 '땅속 나라의 앨리스'가 '이상한 나라의 앨리스'가 된 거군요.

C 제목에도 나름 그런 역사가 있었단다.
   테니얼과의 공동 작업이 없었다면, 독자들이 알고 있는 『이상한 나라의 앨리스』는 아마 완성되지 못했을 거다.

옥스퍼드 대학의 모습

옥스퍼드 과거 지도

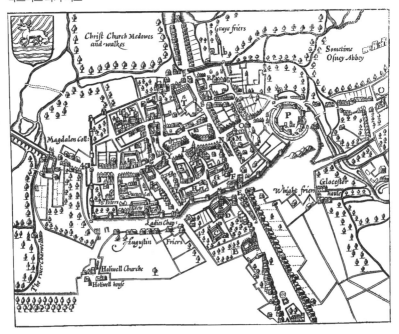

옥스퍼드의 기원

C 너 옥스퍼드가 무슨 뜻인지 아니?

M 엥? 지명에도 뜻이 있어요?

C 힌트를 하나 줄 테니 맞혀봐라.

옥스퍼드는 옥스(ox)와 포드(ford)의 합성어란다.

M 음… 옥스(ox)는 알아요. '소'라는 뜻이잖아요.

C 그렇지. 예전에 이곳에는 소들이 아주 많았거든.

M 아하~! 그럼 포드(ford)는 무슨 뜻이에요?

C '얕은 개울을 건너간다'라는 뜻이야.

M 두 단어를 합해보면 '소가 얕은 개울을 건너간다'가 되네요.

이 동네는 과거에 소들을 이끌고 물가를 건너다니며 농사를 지었던 곳이었나 봐요.

C 아마 그랬을 거다. 처음 이곳에 대학이 세워진 게 1096년이라고 하거든. 그 당시에는 아주 외진 시골이었을 테니까.

M 1096년이면 약 1000년 전이네요. 정말 엄청난 역사인데요?

C 영어권 국가에서는 가장 오래된 대학이라고 하더구나.

M 처음부터 대학도시는 아니었을 텐데, 그럼 그때부터 대학들이 하나둘씩 생겨난 건가요?

C 그래. 여기서는 각각의 대학을 칼리지(college)라고 부르거든.

그중에서 내가 속한 대학은 크라이스트 처치(Christ Church)라는 유서 깊은 곳이지.

M 처치면 교회 아니에요?

C 맞아. 크라이스트 처치는 옥스퍼드에서 유일하게 교회이면서 동시에 대학의 역할을 하는 곳이란다.

M 대학이 교회의 역할까지 같이 한다니. 신기하네요.
그런데 칼리지라면 단과대학을 말하는 건가요?

C 아니. 각각의 칼리지들은 모두 독립적으로 운영되는 작은 종합대학이야. 그 칼리지들을 한꺼번에 부르는 이름이 유니버시티(university)이고.

M 그렇다면 수학과가 크라이스트 처치 말고 다른 칼리지에도 있을수 있겠네요.

C 머튼(Merton)이나 펨브로크(Pembroke), 워덤(Wadham) 칼리지 같은 곳에도 모두 수학과가 있지. 워덤 칼리지에는 로저 펜로즈라는 수학자가 명예교수로 있다는구나.

워덤 칼리지의 펜로즈 타일링

M 진짜요? 펜로즈 삼각형을 만든 그 펜로즈 박사님 말이죠?

C 그래. 워덤 칼리지 식당 바깥으로 나가면 펜로즈가 만든 타일이 깔려 있거든. 너도 시간 되면 언제 한번 가보렴.

M 네. 꼭 기억해둘게요.

C 자, 우리는 저기 잔디밭에 앉아 책을 좀 읽어볼까?

M 피크닉 분위기인가요? 좋아요!

커다란 나무 아래 자리를 잡은 캐럴 선생님은 가방 안에서 돗자리를 꺼내 깔고 그 위에 간식거리와 책을 올려놓으신다.

루이스 캐럴과 함께하는 낭독

M 오늘 읽을 책과 간식, 돗자리까지… 정말 꼼꼼하게 준비하셨네요. 역시 수학을 전공하신 분다운데요? 혹시 이 모든 게 미리 계획된 거라면 저는 무엇을 해야 할까요?

C 내 계획에 의하면 먼저 내가 책의 한 챕터를 낭독할 거야. 그런 다음 네가 바통을 이어받아 다음 챕터를 낭독하는 거지.

M 아~ 알겠어요. 그래서 책도 두 권을 준비하셨군요.

C 내 계획이 마음에 드니?

M 작가님이 책을 읽어주신다는데 당연히 마음에 들죠.

C 그럼 내가 먼저 1장을 읽을 테니 놓치지 말고 잘 따라와라. 비행기에서처럼 침 흘리며 자지 말고.

M 아이참! 선생님이 직접 읽어주시는데 어떻게 잠을 자요.

　　귀 쫑긋하고 듣겠습니다.

C 그래, 그럼 시작해보자.

1장. 토끼 굴로 떨어지다

　앨리스는 강둑 위에서 할 일도 없이 언니 옆에 앉아 있는 것이 아주 지루해지기 시작했다. 언니가 읽는 책을 한두 번 힐끔거리며 보았지만, 그 책에는 그림도 없고 대화도 없었다. '그림도 없고 대화도 없는 저런 책이 도대체 무슨 쓸모가 있는 거지?' 앨리스는 생각했다. 그래서 앨리스는…

　토끼 굴에 빠져 천천히 떨어지다가 땅속 나라에 도착한 앨리스. 눈 앞에 펼쳐진 여러 개의 문을 바라보며 앨리스가 했던 생각을 마르코도 따라서 해본다. '저 문을 열면 뭐가 나올까?', '눈앞에 이상한 물약이나 케이크가 있으면 그걸 먹어야 할까 말아야 할까?'. 들으면서 궁금한 게 많아진 마르코는 2장으로 바로 넘어가려는 선생님을 황급히 제지한다.

M 선생님, 잠깐만요! 저 하고 싶은 말이 있어요.

C 그래? 뭔데?

M 일단, 저랑 앨리스의 성격이 되게 비슷한 거 같아요.

C 어떤 점이?

M 앨리스를 보면 호기심이 많고 용감하잖아요. 바깥으로 어떻게

나올지는 생각도 안 하고 무작정 토끼 굴로 따라 들어가는 걸 보면요. 저도 약간 앞뒤 안 가리고 직진하는 편이거든요.

C 그렇냐? 하긴 어릴 땐 누구나 호기심이 넘치지. 저돌적이기도 하고 말이야.

M 또 있어요. 앨리스가 혼잣말하는 것을 좋아한다고 했잖아요. 자신을 혼내거나 충고를 하면서요.

저도 가끔 그러거든요. 앨리스처럼 1인 2역 놀이까지는 아니지만 혼자서 곧잘 중얼거리는 편이에요.

C 그렇다면 이야기에 훨씬 몰입할 수 있겠구나.

네가 앨리스라면 어떻게 했을까 상상하면서 말이지.

M 그러니까요. 아! 그리고 또 궁금한 게 있었어요.

C 정말 호기심이 많구나. 그래. 다 물어봐라.

M 1장의 내용 중에 앨리스가 물약을 마시고 작아지는 부분이 있었잖아요.

C 어딘지 한번 읽어보겠니?

무한히 줄어들다가 사라지면 어쩌지?

"정말 이상한 기분이야! 내 몸이 망원경처럼 줄어들고 있는 게 틀림없어!"

그 말은 사실이었다. 앨리스의 키는 이제 겨우 25센티미터밖에 되지 않았다. 이제 그 아름다운 정원으로 가는 작은 문을 통과할 수 있을 만큼 자신의

키가 적당해졌다는 생각에 앨리스의 표정이 환해졌다. 그러나 먼저 몸이 더 줄어드는지 아닌지 확인하기 위해 앨리스는 잠시 기다렸다. 그 순간 앨리스는 약간 불안해졌다. 그러고는 혼자서 중얼거렸다.

"만약에 말이야, 계속 이렇게 작아지다가 양초처럼 다 녹아 없어지면 어쩌지?"

앨리스는 양초가 모두 타버린 후에 촛불이 어떻게 되는지 상상해보려고 했지만, 그런 모습을 본 적이 없어서 도무지 생각해낼 수가 없었다.

M   앨리스의 말을 듣다 보니 궁금해졌어요. 작아지고 또 작아지다가 촛불처럼 훅 꺼지듯이 사라질 수 있을까요?

C   네 생각은 어떤데?

M   완전히 사라질 수는 없을 거 같아요. 계속 작아진다 해도 결국엔 아주 작게라도 남아 있을 거 같거든요. 숫자로 예를 들어볼게요. 처음 앨리스의 키를 1이라고 하고 키가 계속 반씩 줄어든다면 앨리스의 키는 이렇게 되겠죠.

$$1 \to \frac{1}{2} \to \frac{1}{4} \to \frac{1}{8} \to \frac{1}{16} \to \frac{1}{32} \to \frac{1}{64} \to \cdots$$

이런 규칙에서는 숫자가 아무리 줄어들어도 0이란 수는 나올 수 없어요.

C 정말 그럴까?

저렇게 줄어들다가 어느 순간 정말로 0이 될 수도 있지 않을까?

M 아니, 분자에는 언제나 1이 있고, 분모에는 2의 거듭제곱들이 있는데, 어떻게 0이란 결과가 나올 수 있어요?

C 안 되겠다. 저 수에 번호를 붙이고 규칙에 맞게 표시를 해보자. 첫 번째 수인 1을 a_1, 두 번째 수인 $\frac{1}{2}$은 a_2, 세 번째 수 $\frac{1}{4}$은 a_3, 이런 식으로 표시하면 이렇게 되겠지?

$$
\begin{array}{ccccccccc}
a_1 & & a_2 & & a_3 & & a_4 & & a_5 & & a_6 & & a_7 & & & & a_n \\
1 & \to & \frac{1}{2} & \to & \frac{1}{4} & \to & \frac{1}{8} & \to & \frac{1}{16} & \to & \frac{1}{32} & \to & \frac{1}{64} & \to & \cdots & \to & ?
\end{array}
$$

M 아하! 숫자와 순서를 구별 짓기 위해 저런 표현을 쓰는군요. a를 먼저 쓰고 그 밑첨자에 숫자의 순서를 적어넣는 방식으로요.

C 그래. 저렇게 일정한 규칙에 따라 차례대로 나열된 수들을 '수열'이라고 한단다. 수열에 어떤 규칙이 있는지 안다면 그 수열의 끝이 어디에 가 닿는지도 알 수 있겠지.

M 저 수열의 끝은 어디일까요?

C 알고 싶으면 각각의 숫자들을 더 간단히 나타내봐라. 반씩 줄어든다는 그 규칙을 이용하면 거듭제곱을 이용해서 표시할 수 있을 거다.

M 처음 수는 1이고, 두 번째 수는 1의 절반인 $\frac{1}{2}$이죠. 세 번째 수는 $\frac{1}{2}$의 다시 절반이니까 $\frac{1}{2} \times \frac{1}{2} = \frac{1}{4}$인데, 그걸 간단히 나타내면 $\frac{1}{4} = \left(\frac{1}{2}\right)^2$이 되잖아요.

나머지 수들도 마찬가지 방법으로 표현해보면 이렇게 되겠어요.

$$a_1 \quad a_2 \quad a_3 \quad a_4 \quad a_5 \quad a_6 \quad a_7 \quad \qquad a_n$$

$$1 \xrightarrow{} \frac{1}{2} \xrightarrow{} \left(\frac{1}{2}\right)^2 \xrightarrow{} \left(\frac{1}{2}\right)^3 \xrightarrow{} \left(\frac{1}{2}\right)^4 \xrightarrow{} \left(\frac{1}{2}\right)^5 \xrightarrow{} \left(\frac{1}{2}\right)^6 \xrightarrow{} \cdots \qquad ?$$

C 잘했구나. 그럼 n번째 수는 어떻게 표시할 수 있을까?

M n번째 수라면 $\left(\dfrac{1}{2}\right)^n$ 아닐까요?

C a의 밑첨자와 지수 사이의 관계를 잘 살펴보렴.

M 아~ $a_6 = \left(\dfrac{1}{2}\right)^5$ 이고, $a_7 = \left(\dfrac{1}{2}\right)^6$ 이니까 지수가 밑첨자보다 1씩 작네요. 그럼 $a_n = \left(\dfrac{1}{2}\right)^{n-1}$ 이 되겠는데요?

C $a_n = \left(\dfrac{1}{2}\right)^{n-1}$ 은 $a_n = \dfrac{1}{2^{n-1}}$ 로도 쓸 수 있잖니. 분자에 있는 1이란 숫자는 아무리 여러 번 곱해도 그 결과가 언제나 1이니까.

M (한숨을 쉬며) 식이 점점 복잡해지는 거 같긴 한데, 여기까지는 이해했어요. 그래서요?

C 너는 지금 n이 무한대로 갈 때, $a_n = \dfrac{1}{2^{n-1}}$ 이 어떻게 되느냐가 궁금한 거잖니. 그렇다면 분모에 있는 수 2^{n-1} 이 어떻게 커지는지를 관찰해야겠지?

M 분모의 숫자는 1, 2, 4, 8, 16, 32, …처럼 계속 2배씩 늘어나잖아요. 그렇게 계속 커지다 보면 무한히 큰 수가 되겠죠.

C 그 무한히 큰 수로 1을 나누면 어떻게 될 거 같니?

M 무한히 작은 수가 나오겠죠?

C 그 무한히 작은 수는 결국 0이 되지 않을까?

M 무한히 작아진다고 해서 다 0이 되는 건 아니잖아요. 0.0000001

과 0은 엄연히 다른 수니까요.

C 0.0000001에서 소수점 아래 0이 아무리 많아져도 0과는 다르다
이거지? 그럼 이 질문에도 한번 답해봐라.

0.99999…와 1은 같을까? 다를까?

M 당연히 다르죠. 0.99999…에서 9를 아무리 많이 써도 1과는 차
이가 있을 테니까요. 아무리 작아도 차이는 분명 있는 거예요.

C 그렇다면 내 풀이를 보고 어디가 잘못되었는지 찾아보겠니?

$$x = 0.9999\cdots$$
$$10x = 9.9999\cdots$$
$$10x - x = 9$$
$$9x = 9$$
$$x = 1$$

M 어! 이상하다. 저 풀이가 맞다면 0.99999…＝1이라는 거잖아요.
그렇다면 1−0.9999…를 했을 때 0.0000…이 될 거고, 그 값은
결국 0과 같아지겠네요. 0.0000001에서 소수점 아래 0을 무한히
많이 쓰면 0이 된다니…

C 신기하지? 저렇게 의외의 결과가 나오는 이유는 0.99999…나
0.0000…과 같은 숫자들 속에 모두 무한이 있기 때문이란다. 무
한의 세계에서는 인간의 직관이나 수학적 상식을 넘어서는 신비
한 성질들이 많이 있거든. 당연히 성립할 것 같은 수학적 성질이
성립하지 않는 경우도 많아.

M 상식적이지 않은 예가 $0.99999\cdots = 1$ 말고도 또 있어요?

C 그럼. 이 계산을 한번 해보겠니?

$$1-1+1-1+1-1+1-1+1-1+\cdots$$

M 이거 계산하면 '0' 되는 거 아니에요? 너무 당연하잖아요.
$1-1$은 0이고, 거기에 1을 더하면 잠시 1이 되었다가 다시 1을 빼니까 0이 되고. 이런 계산은 무한히 반복해도 계속 0이 되죠.

C 지금 네가 한 계산은 이렇게 설명할 수 있겠구나.

$$(1-1)+(1-1)+(1-1)+(1-1)+(1-1)+\cdots$$

M 군이 괄호를 칠 필요가 있을까 싶긴 한데…
맞아요, 제가 한 계산은 저런 식이었어요.

C 만약 이렇게 계산해보면 결과가 어떻게 될까?

$$1-(1-1)-(1-1)-(1-1)-(1-1)-\cdots$$

M 어! 이렇게 계산하면 1이 나오는 건가요? 이상하네요. 분명 같은 식인데 괄호를 어떻게 치냐에 따라 결과가 달라지잖아요. 뭐죠?

C 이런 게 바로 무한의 신비란다. 아까 내가 무한은 우리의 상식이나 직관을 넘어선다고 하지 않았니. 상식적으로는 언제나 성립해야 할 것 같은 결합법칙이 무한에서는 성립하지 않을 수도 있다는 거야.

M (고개를 끄덕거리며) 아… 제가 무한을 너무 만만하게 생각했군요.

C 사실 무한이라는 개념은 내가 살았던 시대의 수학자들에게도 이

해하기 어려운 개념이었어. 0.9999…라는 값이 1과 같으냐 다르냐를 두고 끊임없이 논쟁했으니까.

M 정말요?

C 그럼. 지금은 이렇게 내가 큰소리치며 너를 가르치고 있지만 내가 살던 시대에는 그렇지 못했거든. 나를 비롯한 많은 수학자들에게 무한이란 범접하기 힘든 미지의 영역이었어. 어떤 수학자는 무한을 신의 비밀 정원이라고도 하더구나. 그러니 어떻게 인간이 신의 정원에 함부로 발을 내디딜 수 있었겠니.

M 그만큼 이해하기 어려운 영역이었다는 뜻이군요.
  그런데 아까 설명해주신 내용을 보면 무한의 비밀이 어느 정도 풀린 거 같은데요?

C 칸토어 덕분이지.

M 칸토어요?

C 내가 살던 시대에 활동했던 독일의 수학자야. 그 친구 덕분에 많은 이들이 비로소 무한에 눈을 뜨게 되었어.

M 아! 신의 비밀 정원에 발을 내디딘 사람이 있긴 있었군요.

C 대신 혹독한 대가를 치러야 했단다. 무한을 연구하다가 미쳐버렸거든. 어쩌면 인간의 영역이 아닌 곳을 훔쳐본 죄로 그런 벌을 받았을지도 모르겠구나.

M 문득 프로메테우스가 떠오르네요. 제우스에게서 불을 훔쳐다가 인간에게 건네준 죄로 평생 독수리에게 간을 쪼아 먹히는 형벌을 받잖아요.

C 그렇게 비유할 수도 있겠구나.

칸토어가 우리에게 알려준 무한에 대한 지혜는 수학을 비롯한 다른 학문의 발전에 커다란 공헌을 했으니까 말이다.

M 그러고 보면 인류의 역사는 위대한 인물들의 발견에 의해 갑자기 진화하고 발전하는 것 같기도 해요. 만약 칸토어라는 수학자가 무한을 연구하지 않았다면 우리는 아직까지도 0.999999…가 1이냐 아니냐를 두고 논쟁하고 있을지도 모르잖아요.

C 또 다른 누군가가 발견할 수도 있었겠지. 아무튼 확실한 것은 칸토어가 무한이라는 비밀 정원의 문을 열어준 덕분에 뿌옇고 막연했던 무한의 안개 속에서 비로소 벗어날 수 있었다는 거야.

불확실한 시대의 수학자

M (쭈뼛대며) 이런 질문을 해도 될지 모르겠는데요.

C 뭣 때문에 망설이는 거냐? 어서 말해봐라.

M 앨리스가 '그런 모습을 본 적이 없어서 도무지 생각해낼 수가 없었다'라고 한 말이요.

C 그 말이 왜 어때서?

M 혹시 '당시 수학자들도 무한의 끝을 본 적이 없어서 생각할 수가 없었다'라는 의미로 해석해야 하나요?

C 생각보다 예리한걸? 앞으로 다른 장을 읽다 보면 종종 저런 식의 문장들을 보게 될 거다.

M 저렇게 흐릿하게 빗대서 표현하는 문장들이 또 나온다구요?

C 내가 살던 1800년대는 정치, 사회, 경제뿐만 아니라 수학이라는 학문 분야도 빠르게 변화하고 있었거든. 그만큼 혼란스러운 시기였고. 그래서 '이건 이거고 저건 저거다'라고 명쾌하게 답하기 어려운 문제들이 많았지.

M 많은 것들이 불확실했던 시기였군요.
어디서 또 저런 부분이 나오는지 잘 살펴봐야겠어요.

C 그래. 열심히 찾아보도록 해라.

M 그런데 선생님이 살았던 1800년대를 '빅토리아 시대'라고 하지 않나요? 그… 뭐더라? 아! '해가 지지 않는 나라'라고 불리던 황금시대. 맞죠?

C 그랬지. 하지만 그 영광스러운 시절은 빈부격차와 아동노동, 식민지 정복 같은 어두운 역사 위에 쓰여졌어.

M 빛에는 그림자가 있었네요.

C 영국 사회 분위기도 지금처럼 자유롭지 않았어. 사회 전체가 금욕적이고 보수적인 편이었으니까.

M 정말요? 저는 시대와 상관없이 서양이 동양 문화권보다 훨씬 자유롭고 개방적인 분위기일 거라고 생각했는데… 과거에는 아니었나 보군요.

C 말도 마라. 당시에는 남녀가 은밀히 한 공간에 있는 것도 금지했는걸. 공개적인 자리에 있을 때도 아주 조심스럽게 말을 가려서 해야 했어. 지금처럼 자유연애를 해서 결혼하는 건 상상하기 어려웠지.
앞으로 앨리스가 겪는 모험을 통해서도 알게 될 거다. 빅토리아 시대에는 어떤 식으로 아이들을 교육했는지, 어른들은 어떤 가치관을 가지고 살아갔는지 말이다.

자, 그럼 다시 책으로 돌아갈까? 이제 네가 2장을 읽을 차례구나.

M 아… 떨리는데, 시작해보겠습니다.

이상한 곱셈구구단

2장. 눈물 웅덩이

"점점 이상하고 더 이상해지는걸!" 앨리스가 소리쳤다. (너무 놀라서 그 순간 바르게 말하는 법을 잊어버렸다.) "지금 내 몸이 세상에서 가장 큰 망원경처럼 커지고 있나 봐! 잘 가라, 내 발들아!" (아래를 내려다보았을 때 발들이 너무 멀어져서 거의 보이지 않았으니까.) "오! 나의 불쌍한 발들…"

　　마르코가 2장을 낭독하는 동안 캐럴 선생님은 지그시 눈을 감고 계신
다. 글씨를 쓰듯이 손가락을 까딱이는 걸 보면 주무시는 건 아닌 것 같
고… '혹시 내 낭독은 안 들으시고 딴 생각을 하시나? 아니면 무슨 계산
같은 걸 하시나?' 마르코는 조심스럽게 선생님을 불러본다.

M　선생님! 저 잘 읽었나요?

C　그 정도면 훌륭하구나. 학교에서 읽기 연습을 충분히 한 모양이다.

M　휴~ 다행이다.

C　읽으면서 무슨 생각이 들었니?

M　아이디어가 좋다는 생각을 했어요. 동물이 말을 하는 것까지는
　　　저도 생각해낼 수 있거든요. 그런데 앨리스의 몸이 커졌다 작아
　　　졌다 하는 아이디어는 정말 참신했어요.

C 이야기를 만들어낼 때는 뭔가 비현실적인 요소를 넣어야 재미가 있지. 너무 현실적이거나 일상적이면 다음에 어떤 이야기가 펼쳐질지 뻔히 예측이 되기 때문에 흥미가 떨어질 수밖에 없거든.

M 맞아요. 예측이 불가능한 상황이어야 다음 이야기가 기대되잖아요. 저는 앨리스 몸이 너무 커져서 울다가 눈물 웅덩이가 생겼다는 부분이 재밌었어요. 결국에는 몸이 다시 작아지면서 자기가 만든 그 눈물 웅덩이에 빠지게 되잖아요. 정말 기발한 아이디어 같아요.

C 그 부분이 마음에 들었구나.

M 그런데 참! 이상한 내용이 있던데요?

C 어디가 이상했는데?

M 몸이 커졌을 때 앨리스가 외웠던 구구단이요.

C 그래? 그 부분을 한번 읽어볼래?

"이런, 이런! 오늘은 정말 모든 게 이상하네! 어제는 평소와 같았는데. 혹시 밤사이 내가 변했나? 가만 생각해보자. 오늘 아침에 일어났을 때는 내가 전과 같았나? 생각해보니 아주 조금 다른 기분을 느꼈던 것도 같아. 그런데 만약 내가 예전의 내가 아니라면 도대체 나는 누구지? 아, 그건 정말 어려운 수수께끼야!"

앨리스는 혹시 자기가 친구들 중 한 명으로 변한 건 아닌가 하는 생각에 아는 또래의 친구들을 모두 떠올려보았다.

"에이다는 아니야. 그건 확실해. 왜냐하면 에이다는 아주 긴 곱슬머리인데 나는 전혀 아니거든. 그리고 나는 메이블도 아니야. 왜냐하면 나는 이것저것 아는 게 많거든. 그런데 메이블은, 정말이지 그 애는 아는 게 별로 없어. 게다가 그 애는 그 애고, 나는 나야, 이것 참, 모든 게 너무 엉망진창이야. 안 되겠어! 전에 알고 있던 것들을 모두 알고 있는지 시험해봐야겠어. 가만 보자. 4 곱하기 5는 12이고, 4 곱하기 6은 13, 그리고 4 곱하기 7은⋯ 이런! 이런 식으로는 절대 20에 도달할 수 없겠는걸! 그런데 구구단은 중요하지 않아. 지리 공부를 해보자."

C 나도 네가 이 부분을 그냥 넘어가지 않을 거라고 생각했다.

M 그렇죠? 누가 봐도 이상하잖아요. 무슨 구구단이 저래요?
   그리고 내가 누군지 확인하는 상황에서 왜 하필 다른 것도 아니고 구구단을 외워요?

C 궁금한 게 많지?
   일단, 왜 하필 구구단을 외웠는지에 대한 이야기를 해야겠다.
   너라면 저런 상황에서 구구단을 떠올리진 않겠지. 그런데 내가 살던 시대에는 그렇지 않았어. 어떤 사람이 자신의 높은 사회적 지위와 학문적 고상함을 드러내기에 가장 쉬운 수단이 바로 수학이었거든.

M '나 구구단을 외울 정도로 수학을 좀 배운 사람이야'라는 거죠?
   당시에는 수학이 아무나 배우고 익힐 수 있는 학문이 아니었나 봐요.

C 그래, 꽤 고급 학문이었지. 앨리스가 저런 상황에서 수학을 불러

냈다는 건 그만큼 좋은 교육을 받고 있었다는 의미였어.

M   구구단을 외우는 것에 그런 심오한 이유가 있었다니… 놀랍네요. 그런데 왜 구구단을 저렇게 이상하게 바꿔서 외운 거예요?

C   많이 이상하니?

M   당연하죠. 4 곱하기 5는 20이고, 4 곱하기 6은 24가 되어야 하잖아요. 어떻게 12나 13이 돼요?

C   화내지 말고 들어봐라. 저 구구단을 이해하려면 앨리스가 모험하는 지하 세계가 어떤 곳인지를 먼저 이해해야 한단다.

M   저 세계를 어떻게 이해해요? 토끼가 말을 하고 시계를 보면서 두 발로 뛰어다니고, 물약이나 케이크를 먹으면 몸이 커졌다 작아졌다 하는 나라를요.

C   쉽게 정리하자면 그 나라는 우리가 상식적으로 알고 있던 그 모든 규칙들이 깨진 나라야. 그 나라의 유일한 규칙이 있다면 '규칙이 없다'는 거지.

M   '규칙이 없는 것'이 '규칙'이라니… 뭔가 앞뒤가 안 맞는 것처럼 들려요. 세상 그 무엇도 뚫을 수 있다는 창과 모든 창을 막아낼 수 있다는 방패의 이야기처럼 모순적인 것 같아요.

C   네 말처럼 '앞뒤가 안 맞는' 것처럼 보이지만 그 나라에서는 그게 '맞는 것'일 수도 있단다.

M   아~ 헷갈려! 지금 말장난하시는 거죠?

C   앨리스 이야기가 다 그런 식이야.
　　　왜냐하면 내가 논리학자라서 말장난을 좋아하거든.

M   어쩐지… 앨리스 이야기가 왜 그렇게 뒤죽박죽이고 정신없는지

그 이유를 하나 찾은 거 같네요.

C 이런~ 내가 논리학자인 걸 몰랐구나.

M 아니! 그래도 모르겠어요. 앨리스가 외운 구구단에는 도대체 어떤 방식의 '규칙 없는 규칙'이 있는 거예요?

C 그건 진법과 관련된 건데…

M 진법이요? 그게 뭐예요?

C 너도 알고 있는 진법이 있을 거야. 10진법이나 12진법 같은 것들 말이야. 잠시 숫자를 한번 세보겠니?

M 갑자기 웬 숫자요?

일, 이, 삼, 사, 오, 육, 칠, 팔, 구, 십, 십일, 십이, 십삼, 십사…

C 그만! 거기까지 충분하구나.

지금 네가 센 숫자들을 보면 일(1)부터 구(9)까지 센 다음 일영(10)으로 돌아가서 다시 일일(11)이 되고 있지? 다음은 일이(12)가 되고 그다음은 일삼(13)이 되는 식으로.

M 그렇죠. 10을 한 묶음으로 세는 거죠.

C 그 방식이 바로 10진법이란다. 10개가 한 묶음이 되면 그다음 자리의 숫자가 하나씩 커지는 방식이지.

M 그럼 12진법은 12개가 한 묶음이 되겠네요.

혹시 시계가 12진법인가요?

C 바로 그렇지. 12시가 된 다음에는 다시 1시로 돌아가니까.

또 다른 예로는 연필을 들 수 있겠구나. 연필도 12개를 한 다스라고 부르거든.

M 오~ 그런 식이라면 3진법이나 5진법같이 다른 여러 가지 진법

들도 만들 수 있겠는데요? 3개를 한 묶음, 5개를 한 묶음씩 묶어서 올려보내는 방식으로요.

C 그런 아이디어로 만든 게 앨리스의 구구단이야.

M 잠깐만요. 제가 4 곱하기 5가 12가 되게 만드는 진법을 찾아볼게요.

언제 준비했는지 캐럴 선생님은 가방 안에서 펜과 종이를 꺼내 마르코에게 건넨다.

새로운 곱셈구구단

M (중얼거리며) 4 곱하기 5는 원래 20인데, 그걸 일이(12)로 표시해야 하니까.

$$4 \times 5 = 20\,(10진법) = \square + 2 = 12\,(\square)진법$$

어! $\square$ 안에는 18이 들어가야겠네요. 4 곱하기 5는 20인데, 그중에 18을 한 묶음으로 보고 다음 자리에 1로 올려야 2가 남잖아요. 그러면 10진법의 20은 18진법으로 일이(12)가 돼요.

C (무릎을 치며) 아주 잘하는데? 생각보다 수에 대한 감각이 있구나. 그럼 다음 구구단도 계산해보겠니?

M 어! 전부 18진법인 거 아니에요?

C 내가 말했잖니. 앨리스의 나라는 규칙이 없는 게 규칙이라고.

M 아… 하나의 진법이 쭉 가는 게 아니라 그것도 계속 변하는군요.

C 진법에도 규칙이 없는 것처럼 만들어야 더 재밌지 않겠니?

M 애고… 그럼 또 계산 들어갑니다.

4 곱하기 6은 원래 24인데, 일삼(13)으로 표시되어야 하니까…

$$4 \times 6 = 24 \,(10진법) = \boxed{21} + 3 = 13 \,(21진법)$$

계산해보니까 21진법이네요.

C 그렇다면 4 곱하기 7은 어떻게 될까?

M 4 곱하기 5는 12, 4 곱하기 6은 13이었으니까 4 곱하기 7은 14가 되지 않을까요? 그러려면 또 진법이 변해야 할 테고…
아예 표로 정리를 하는 게 좋겠어요.

앨리스의 구구단	진법 표시
$4 \times 5 = 12$	$4 \times 5 = 20 \,(10진법) = \boxed{18} + 2 = 12 \,(18진법)$
$4 \times 6 = 13$	$4 \times 6 = 24 \,(10진법) = \boxed{21} + 3 = 13 \,(21진법)$
$4 \times 7 = 14$	$4 \times 7 = 28 \,(10진법) = \boxed{24} + 4 = 14 \,(24진법)$
…	…

혹시 진법이 3씩 늘어나고 있는 건가요? 그런데 왜 앨리스는 이런 식으로 계산했을 때 20이 안 나올 거라고 했을까요?
계속 하다 보면 이영(20)이 나올 거 같은데요.

C 진짜 나오는지 한번 해보면 되지 않겠니?

M (한숨을 쉬면서) 왠지 계산의 늪에 빠진 거 같네요.

$$4 \times 8 = 32 \,(10진법) = \boxed{27} + 5 = 15 \,(27진법)$$

$$4 \times 9 = 36 \text{ (10진법)} = \boxed{30} + 6 = 16 \text{ (30진법)}$$
$$4 \times 10 = 40 \text{ (10진법)} = \boxed{33} + 7 = 17 \text{ (33진법)}$$
$$4 \times 11 = 44 \text{ (10진법)} = \boxed{36} + 8 = 18 \text{ (36진법)}$$
$$4 \times 12 = 48 \text{ (10진법)} = \boxed{39} + 9 = 19 \text{ (39진법)}$$
$$4 \times 13 = 52 \text{ (10진법)} = \boxed{42} + 10 = ? \text{ (42진법)}$$

M 어! 42진법에서 막혔어요. 저걸 어떻게 표시해야 하죠? 42가 한 묶음 있고 나머지가 10이니까 110이라고 적어야 하나요?

C 난감한 상황이 되었지?

M 분명한 건 42진법으로 이영(20)은 아니라는 거네요. 이영(20)이 되려면 42 + 42 + 0이어야 하는데, 지금은 42 + 10이잖아요.

C 그래서 저렇게 나머지가 두 자리인 경우에는 다른 표기 방법을 사용한단다. 예를 들어, 10을 영문자 T로 써서 42 + 10 = 1T(42 진법)와 같이 표시하는 거지.

M 아~ 그렇군요. 결국 구구단을 계속해도 앨리스 말처럼 절대 20 까지는 못 가겠네요.

C 이제 알겠니?

M 정말 엉뚱한 구구단인데, 알고 보니 재밌는데요? 진법의 원리가 숨어 있다는 걸 모르는 사람들은 앨리스가 하는 말을 도통 이해 할 수 없겠어요.

C 대충 그런가 보다 하고 넘어가겠지. 어차피 동화책인데 모르면 또 어떠냐?

M 그렇지만 저처럼 호기심 많은 사람들은 구구단의 비밀을 밝혀내

고 싶을 거예요. 도대체 왜 저런 구구단을 만들었는지도 궁금하구요.

다른 방식으로 보기

C 왜 만들었냐고? 글쎄… 너에게 수학은 어떤 존재니?

M 수학요? 음… 어렵고 또 어렵고 때로는 싫지만 가끔은 성취감을 주는 존재예요. 하고 싶지는 않지만 모든 학문의 기초라고 하니 안 할 수도 없구요.

C 그렇구나. 나에게 수학은 불변의 진리이자 확고한 믿음의 존재야. 다른 모든 것이 변해도 수학의 일관성만큼은 변하지 않아야 하지. 그런데…

M 그런데 왜요?

C 그 수학이… 나의 확고한 믿음이자 세상의 잣대인 수학이 흔들리고 있었어.

M 수학이 어떻게 흔들릴 수 있어요?

C 내가 살던 시대가 그랬어. 모든 것의 근간이 요동치고 있었거든. 수학마저도 말이야.

M 혹시 앨리스의 지하 세계에서 수학 계산이 이상하게 된 이유가 그건가요? 수학의 근간이 흔들리고 있어서?

C 말하자면 그렇단다.

M 선생님이 살던 시대에 수학이 어떻게 변하고 있었는데요?

C (복잡한 표정으로) 하… 시작하면 긴 얘기가 될 테니 나중에 하도록 하자.

M 네. 뭐 어찌 되었든 저런 독특한 구구단을 생각해내셨다는 게 참 대단한 거 같아요. 저도 저런 구구단을 하나 만들어보고 싶은걸요. 하하.

C 그래? 재미있는 경험이 될 거다.

M 저런 아이디어는 어떻게 해야 생길까요?

C 글쎄다. 남들과 조금 다른 방식으로 세상을 봐야 하지 않을까? 그러다 보면 종종 재미있는 것들을 발견하거든.

M 선생님은 세상을 어떻게 다르게 보시는데요?

C 거꾸로 뒤집어서 보기도 하고, 거울에 비춰서 보기도 하지. 시간을 거꾸로 살아보는 것도 꽤 괜찮은 방법이야.

M 시간을 거꾸로 사는 건 또 뭐예요?

C 아침에 일어나자마자 다시 침대로 돌아가는 식이지. 뮤직 박스를 틀 때도 음악을 거꾸로 돌려가며 들으면 시간을 거꾸로 가게 하는 것과 같은 효과를 느낄 수 있단다. 편지를 쓸 때도 단어와 문자를 오른쪽에서 왼쪽으로 써보면 거꾸로 읽는 재미가 있지.

M 혼자 듣는 음악이야 거꾸로 돌려 들어도 상관없지만 편지를 그런 식으로 쓰면 상대방이 화내지 않을까요?

C 상대가 누군지에 따라 다르겠지. 적어도 내 어린 친구들은 편지를 거울에 비춰 읽으면서 재미있어했거든.

M 생각해보니 그런 영화를 본 적이 있는 것 같아요. 시간을 거꾸로 사는 사람의 이야기였어요. 노인으로 태어나서 점점 젊어지다가

결국엔 아기가 되어버리는 스토리인데, 제목이 〈벤자민 버튼의 시간은 거꾸로 간다〉였어요. 피츠제럴드의 소설을 원작으로 만들었대요.

C 그런 작품이 있다구?

M 네. 영화를 보면서 왜 주인공 혼자서만 나이를 거꾸로 먹는지, 아이가 되면 어떻게 생을 마감하는지, 주변 사람들은 그런 모습을 어떻게 이해할 수 있는지 궁금했거든요. 아무튼, 거꾸로 생각하는 방식은 이해하기가 쉽지 않네요.

C 한 번에 이해하기는 어려울 거다. 나름 노력이라는 걸 해야 하지. 『거울 나라의 앨리스』를 보면 하얀 여왕이 이런 말을 하거든. '나는 네 나이 때에 불가능한 일을 믿기 위해 매일 30분씩 노력했어'라고 말이야.

M 아… 오늘부터라도 한번 연습해볼게요. 그러면 '불가능한 걸 믿게 된다'는 하얀 여왕의 말도 이해할 수 있겠죠?

C 조금 이상하게 들리겠지만 나는 앨리스가 경험한 세상이 정말 어딘가에 있을 수 있다고 생각한다. 아니 지금 우리가 그런 세상을 만들어내고 있는지도 모르지.

M 하긴 요즘엔 독특한 규칙을 가진 세상이 가상의 공간에서 실제로 만들어지기도 해요. 현실과는 전혀 다른 세상이 만들어지는 거죠. 그렇게 보면 선생님의 생각이 완전히 틀리지는 않은 거 같은데요?

C 그래? 그렇다면 너도 나와 같은 방식으로 세상을 볼 수 있을 거 같구나.

M 글쎄요, 선생님이 만드신 세상을 이해하려면 저는 조금 더 모험을 해봐야 할 것 같아요.

C 그럼 나머지 장도 읽어볼까? 3장은 내가, 4장은 네가 읽어보자.

M 네~ 좋아요.

3장에서 코커스 경주와 생쥐의 긴 이야기를, 4장에서 꼬마빌을 보낸 토끼의 이야기를 모두 읽은 마르코와 캐럴 선생님은 자리를 정리하고 숙소로 향한다. 혼자서 읽을 때는 잠이 쏟아지던 앨리스의 이야기가 이렇게나 흥미진진하고 재미있었다니. 다시 생각해도 놀라운 경험이라고 마르코는 생각한다. '아는 만큼 보인다'는 격언은 여행을 할 때도, 책을 읽을 때도 똑같이 적용된다는 생각을 하며 마르코는 옥스퍼드에서의 첫날을 마무리한다.

뱃놀이와
미친 다과회

TICKET

'와~ 정말 먹음직스럽게 생겼는데? 누가 둔 거지? 에라 모르겠다!'

배가 몹시 고팠던 마르코는 접시 위에 예쁘게 쌓여 있던 과자를 집어 먹기 시작했다. 하나를 씹어 삼키기도 전에 또 하나를 입에 넣고 우적우적 씹어댔다. 정말이지 이렇게 맛있는 과자는 태어나서 처음 먹어보는 것 같았다.

'혹시 주인이 나타나서 누가 먹었냐고 따져 물으면 어떡하지?'

걱정은 되었지만 도저히 멈출 수가 없었다. 먹어도 먹어도 계속 배가 고픈 것 같고, 먹을수록 과자의 크기는 점점 작아지는 것 같았다.

'이상하다. 왜 과자가 작아지지? 접시도 작아지는 거 같고 방안은 왜 점점 좁아지는 걸까? 설마?'

얼마 지나지 않아 접시는 텅 비고 방안은 가득 찼다. 다름 아닌 마르코의 거대한 몸집으로.

'이런 몸으로는 집에 돌아갈 수 없는데. 아니 집에 가기는커녕 이 방을 나갈 수도 없겠어. 어떡하지? 소리를 쳐볼까? 누군가 나를 구하러 올지도 모르잖아.'

M (잠꼬대를 하며) 살려주세요! 잘못했어요. 다시는 안 먹을게요.

C (흔들어 깨우며) 마르코! 마르코! 일어나라.

M 어! 어! 선생님. 감사해요. 저를 구하러 오셨군요.

C 무슨 꿈을 꿨길래 그렇게 소리를 지르면서 잠꼬대를 하냐?

M (침을 닦으며) 아… 꿈이었군요. 어휴~ 다행이다.

C 녀석. 싱겁기는. 도대체 뭘 잘못했고, 뭘 안 먹겠다는 거냐?

M 그게, 맛있는 과자가 있길래 막 집어 먹었거든요. 그런데 제 몸이 점점 방안을 꽉 채울 만큼 커져서 숨도 못 쉬겠더라구요.

C 너도 앨리스처럼 몸이 커지는 체험을 해본 거구나. 꿈속에서.

M 그러니까요. 어제 앨리스가 토끼네 집에서 물약을 마시고 커진 부분을 제가 읽었잖아요. 아무래도 그래서 그런 꿈을 꾼 거 같아요.

C 확실히 너는 책을 읽으면 그 내용을 꿈에서 다시 보는 모양이구나. 내일은 또 어떤 꿈을 꿀지 벌써부터 기대가 되는데?

M 그런 소리 하지 마세요. 꿈이지만 엄청 생생했다니까요. 과자도 진짜 맛있고, 숨도 진짜 못 쉬는 줄 알았어요.

C 알았다. 알았어. 일단 씻고 어서 나갈 준비를 해라. 오늘은 템스강으로 뱃놀이를 갈 거니까.

M 뱃놀이요? 우와~ 신난다!

캐럴 선생님은 오늘도 어제처럼 터질 듯 가득 찬 가방을 메고 나선다. '저 가방 안에 오늘 먹을 간식도 들어 있겠지?' 하고 생각하던 찰나! 가방을 대신 들어 드려야겠다는 생각이 번개처럼 스쳐 지나간다.

C 가방을 들어줄 생각도 하고. 기특한데?
(손가락으로 가리키며) 저기 배 타는 곳까지만 가면 된단다.

M 생각보다 별로 안 머네요.

저는 뱃놀이를 한다고 해서 멀리 가는 줄 알았어요.

C 옥스퍼드 바로 옆으로 템스강이 흐르는 걸 몰랐구나. 크라이스트 처치에서 선착장까지는 큰길을 따라 5분 정도만 걸으면 돼.

M 그렇군요.

C 우리 지역에서는 템스(Thames)라는 이름 대신 아이시스(Isis)라는 이름으로 많이들 부르지. 오늘 우리는 폴리(Folly) 다리에서 출발해서 가드스토(Godstow)까지 다녀올 거야. 앨리스 이야기가 탄생하던 날 다녀왔던 바로 그 경로대로 말이야.

M 오~ 역사적인 그날을 재현하는 거군요. 기대됩니다.

가드스토는 여기서 많이 먼가요?

C 북서쪽으로 3마일 정도 떨어져 있지.

킬로미터로 계산하면 4.8킬로미터 정도 되겠구나.

M 1마일이 1.6킬로미터 정도인가 봐요.

사실 마일이라는 단위는 저한테 많이 낯설어요.

C 마일만 낯선 게 아닐 텐데? 영국에서는 무게도 킬로그램이나 톤 대신에 온스, 파인트, 갤런 같은 단위를 쓰잖니. 화폐도 유로화가 아니라 파운드화를 쓰고.

M 영국 여행을 하다 보면 그런 게 참 어려워요. 매번 계산을 해야 하거든요. 하지만 제가 좋아서 온 거니까 새로운 단위들에 익숙해져야겠죠?

C 쓰다 보면 금방 익숙해질 거다.

(배를 가리키며) 저기 내가 예약한 배가 있구나.

아이시스강의 배

캐럴 선생님과 마르코는 배에 올라탄 후 노 저을 준비를 한다. 마르코는 배의 앞머리에서, 캐럴 선생님은 뒷전에서 노를 젓기로 한다. 선생님으로부터 짧은 노 젓기 강습을 받은 마르코는 보기보다 쉽지 않다는 생각을 하며 팔에 잔뜩 힘을 준다.

어린이 문학이 된 즉흥 이야기

M 출발한 지 얼마 되지도 않았는데 벌써부터 팔이 아픈데요?

C 요령 없이 힘만 주니까 그렇지. 힘을 덜 들이면서 배가 잘 나가는 방법을 생각하며 저어봐라. 내가 꼬마 친구들을 데리고 뱃놀이

왔을 때는 온종일 노를 저었는걸.

M 대단하시네요. 그런데 선생님. 그날 이야기를 해주셔야죠.
앨리스 이야기가 탄생한 그날의 이야기요.

C 하긴 이 배 위에서 할 가장 적합한 이야기가 바로 그거겠지.
그때가 1862년 7월 4일이었구나.

M 어떻게 날짜까지 정확하게 기억하세요?

C 일기에 적어놨으니까. 그날은 햇살이 황금빛으로 물든 정말 아
름다운 날이었어. 나와 내 친구인 덕워스 목사는 옥스퍼드 학장
의 세 딸인 로리나, 앨리스, 이디스를 데리고 뱃놀이를 겸한 소풍
을 갔었지.

M 그때 그 자매들은 몇 살이었어요?

C 로리나는 열세 살, 앨리스는 열 살, 이디스는 여덟 살이었어.

M 선생님은요?

C 내 나이까지 집요하게 묻는구나. 나는 서른 살이었지. 그때 덕워
스 목사는 배의 앞머리에서, 나는 뒷전에서 노를 저었어. 앨리스
는 배의 조타수 역할을 했었고.

M 아하! 저는 지금 덕워스 목사님 자리에서 노를 젓는 거네요.

C 그렇지. 난 말이다, 구름 한 점 없었던 그날의 푸르렀던 하늘과
거울처럼 맑았던 강물, 노를 저을 때마다 들려오던 물방울 소리
가 아직도 기억난단다. 그리고 새로운 이야기를 들려달라며 눈
을 반짝이던 세 아이들의 얼굴도 또렷이 기억나.

M 지금까지 선명하게 기억날 정도로 특별한 날이었군요.
그런데 토끼 굴 이야기는 어떻게 생각해내신 거예요?

C 그냥 갑자기 떠오른 아이디어야. 그날도 언제나처럼 아이들이 이야기를 들려달라고 성화를 부렸거든. 오늘은 또 무슨 얘기를 해줘야 하나 머리를 쥐어짜다 보니 그만, 우리 주인공을 토끼 굴로 내려보내게 되었지 뭐냐. 사실 그때는 다음 이야기를 어떻게 전개해나가야 할지에 대한 고민도 없었어. 머릿속에 떠오르는 대로 이어나갔으니까.

M 그런 이야기가 그냥 막 머릿속에 떠오른다구요?
문학적 내공이 엄청나신데요? 어떻게 그게 가능하죠?

C 아마 내 집안 환경 때문일 거다. 나는 11남매 중에 셋째로 태어났거든. 아들 중에서는 장남이었고.

M 열한 명 중에 셋째면 동생이 여덟 명이나 있었던 거네요.

C 무척 다복한 집이었지. 덕분에 나는 내 누이동생들과 많은 시간을 함께 보낼 수 있었어. 그때 나는 온갖 종류의 놀이를 만들어서 즐겼거든. 인형극이나 마술, 수수께끼 같은 것들도 좋아했고. 시와 글을 써서 여러 권의 가족 잡지를 만들기도 했어. 어쩌면 그때의 경험이 나를 이야기꾼으로 만들었을 수 있겠구나.

M 역시. 동화작가 캐럴 선생님은 그냥 탄생한 게 아니군요.
그래도 앨리스 이야기가 즉석에서 우연히 만들어졌다는 건 여전히 놀랍네요.

C 사실 그전에도 아이들에게 들려주려고 즉석에서 지어낸 동화들은 많았어. 그런데 기록으로 남긴 적은 한 번도 없었지. 그 이야기들은 한여름의 소나기처럼 아이들의 갈증을 해소시켜주고 무지개처럼 사라져버렸단다.

M 그런데 앨리스 이야기는 어쩌다 기록하게 되신 거예요?

C 앨리스가 부탁을 했어. 오늘 한 이야기를 글로 써주시면 안 되겠
냐고. 그래서 노력해보겠다고 했지. 그러고는 그날 밤을 거의 꼴
딱 지새웠어. 오후에 했던 이야기들을 다시 떠올리느라고 말이야.

M 이야기를 되는 대로 이어 붙였으니까 그렇죠. 줄거리가 이어지
는 이야기였다면 아마 기억해내기가 쉬우셨을걸요?

C 그런가? 하긴 배경을 상상하기도 힘들고, 등장인물도 우스꽝스
러운데, 거기에 규칙마저 없으니…

M 선생님 책을 읽고 나서 내용을 떠올려보면 앞뒤 연결이 잘 안 돼
서 그런지 순서가 뒤죽박죽이 돼요. 황당한 사건들만 기억나구요.

C 네 머리가 나빠서 그런 건 아니고?

M 제 머리가 그 정도로 나쁘진 않거든요. 하여간 오늘 읽을 내용에
서도 연결이 잘 안 되는 이상한 이야기가 나오겠죠?

C 아니라고는 말 못 하겠는데? 그럼 또 책 읽기를 시작해볼까?
오늘은 5장을 읽을 차례구나.

5장. 애벌레의 충고

애벌레와 앨리스는 한동안 조용히 서로를 바라보았다. 마침내 애벌레가 물
담배를 입에서 떼고 졸린 목소리로 나른하게 물었다. "넌 누구니?" 이건 대화
에 있어서 유쾌한 시작은 아니었다. 앨리스는 무척 부끄러워하며 대답했다.
"저… 저는 잘 모르겠어요. 지금은요. 적어도 오늘 아침에 일어날 때는 알았거

든요. 그런데 그때 이후로 저는 여러 번 바뀐 거 같아요."

"도대체 그게 무슨 뜻이야? 설명해봐!" 애벌레가 단호하게 말했다.

마르코가 노를 젓는 동안 캐럴 선생님이 이야기 속 상황과 인물에 따라 목소리와 높낮이를 달리하며 책을 읽어주신다. 책을 낭독하는 게 아니라 연극을 하시는 것 같다. 덕분에 5장의 모든 장면들이 마르코의 머릿속에도 생생하게 그려진다.

M 선생님은 배우를 하셔도 되셨겠어요. 어쩜 그렇게 책을 실감나게 연기하듯이 읽으세요?

C 내가 원래 연극이나 드라마, 오페라를 좋아했거든.
   즐겨 보다 보니 자연스럽게 나도 따라 하게 된 것 같다.

M 수학을 가르치셨다면서 예술에도 관심이 많으셨나 봐요.

C 아주 많았지. 연극이나 미술 작품을 보러 런던을 정기적으로 다녔으니까. 마차를 타고 이틀이나 걸려서 말이다.

M 그때나 지금이나 런던은 문화의 중심지였군요. 누가 그러더라구요. '런던이 재미없으면 인생이 재미없는 거다'라고요.

C 그런 말이 있냐? 틀린 말은 아닌 것 같구나.

M 아무튼 선생님의 뛰어난 연기력 덕분에 5장 내용에 흠뻑 빠져들었어요. 버섯 위에 앉아 물담배를 피우며 앨리스와 대화하는 애벌레의 등장도 흥미로웠고, 앨리스가 외운 시의 내용도 황당하면서 우스꽝스러웠어요.

C 뭐 궁금한 건 없었고?

M 당연히 있죠. 저도 앨리스만큼이나 궁금한 거 투성이거든요.
   잠깐 노 젓기를 멈추고 궁금했던 부분을 읽어볼게요.

곧이어 버섯에서 내려온 애벌레는 풀밭 속으로 기어가며 이 말만을 남겼다.
"한쪽은 너의 몸을 길어지게 하고, 다른 한쪽은 짧아지게 할 거야."
'한쪽은 어디고, 다른 한쪽은 또 어디라는 거지?' 앨리스는 혼자 생각했다.
"버섯 말이야." 마치 앨리스가 크게 묻기라도 한 듯이 애벌레가 대답했고 다음 순간 사라졌다.
앨리스는 몇 분 동안 곰곰이 버섯을 쳐다보면서 양쪽이란 게 어디일지 알아내려고 애썼다. 그런데 **버섯은 완벽하게 원형이었기** 때문에 양쪽을 찾는 건 아주 어려운 문제라고 생각했다. 그러다 결국 앨리스는 **양팔을 최대한 쭉**

벌려서 버섯을 감쌌고, 양손 끝에 닿는 부분을 뜯어냈다.

"이제 어느 쪽이 어느 쪽인지만 알면 돼?" 앨리스는 혼자서 중얼거리다가 효과를 시험하기 위해 오른손에 있는 버섯을 조금 씹어보았다. **다음 순간 앨리스는 턱 아랫부분을 강하게 부딪혔다. 바로 자신의 발에!**

M 여기서 버섯의 크기를 재보고 싶었어요.

C 버섯의 크기를? 어떻게?

M 일단, 이야기 속에서 주어진 정보들을 모아봤어요.

앞부분에서 앨리스와 애벌레의 키는 3인치라고 했거든요. 버섯은 완벽하게 원형이고, 앨리스는 양팔을 최대한 벌려서 버섯을 감싸는 방식으로 양쪽을 알아냈잖아요.

C 그랬지.

M 그런데 사람의 키는 두 팔을 벌려서 잰 길이와 거의 같아요.

미술 시간에 레오나르도 다빈치의 인체 비례 그림을 본 적이 있는데 정사각형 안에 팔을 벌린 남자가 쏙 들어가 있었어요.

C 〈비트루비우스 인체도〉를 말하는 거구나.

그렇다면 앨리스가 벌린 팔의 길이도 3인치라는 말이겠지?

M 맞아요.

앨리스는 그 팔로 원형인 버섯 둘레의 절반을 감싼 거구요.

C 왠지 계산을 할 수 있을 것 같은데?

M 잘 보세요. 먼저, 원의 반지름을 r이라고 할게요. 그러면 버섯 둘레의 절반은 πr이고, 그 값이 3인치가 돼요. 계산의 편의를 위해

π를 3이라고 놓을게요. 그러면 $πr=3r=3$(인치)니까 결국 반지름 r은 1(인치)가 되는 거예요.

C   너에겐 인치보다 센티미터라는 단위가 편하니까 1인치 대신 2.5 센티미터라고 쓰는 게 좋겠다.

M   어때요? 괜찮았나요?

C   멋지구나. 대신 너의 풀이가 타당하려면 조건이 하나 붙어야 할 거 같다. 애벌레가 말한 버섯의 양 끝이란 게 지름의 양 끝이었다

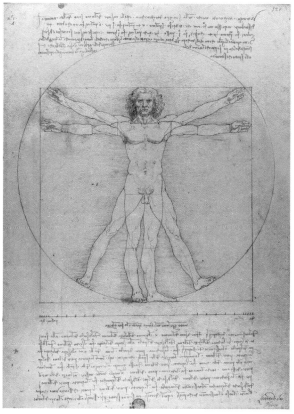

레오나르도 다빈치, 〈비트루비우스 인체도〉, 1490

는 조건 말이야.

M 아! 그러네요.

C 어쨌든 훌륭한 아이디어고 풀이구나.

M 아직 안 끝났어요! 마지막에 보면 앨리스 턱이 발에 부딪혔다고
했잖아요. 도대체 어떻게 줄어들었길래 턱이 발에 부딪혀요? 좀
이상하지 않아요?

C 그게 왜 이상하지?

M 생각해보세요.
몸이 아무리 작게 줄어들어도 턱이 발에 닿을 일은 없잖아요.

C 그건 몸이 일정한 비율로 줄어들 때의 이야기지.
이 대목을 한번 들어봐라.

공이 주사위가 되는 수학

"그렇지만 나는 뱀이 아니야, 정말이야!" 앨리스가 말했다. "나는… 나
는…"

"그래서! 네가 뭔데?" 비둘기가 말했다. "너 지금 뭔가 꾸며내려는 거 다
알아!"

"나는… 나는 여자아이야." 앨리스는 오늘 하루 동안 여러 번 몸이 변했던
것을 떠올리며 자신 없게 말했다.

"그럴듯한 얘기군!" 비둘기가 아주 미심쩍은 투로 말했다. "내가 수많은 여

자아이들을 봤지만, 너처럼 긴 목을 가진 애는 본 적이 없어! 아니, 아니야! 너는 뱀이야. 아니라고 해도 소용없어. 아마 그다음에 너는 나에게 알을 먹어본 적이 없다고 말할걸."

"물론 나는 알을 먹어본 적이 있어." 아주 솔직한 아이인 앨리스가 말했다. "그렇지만 너도 알다시피 어린 여자애들은 뱀만큼이나 알을 많이 먹어."

"못 믿겠는데." 비둘기가 말했다. "그런데 만약 정말 그렇다면, 너희들도 뱀과 같은 종류야. 내가 할 말은 그게 다야."

C 지금 비둘기가 앨리스에게 뱀이라고 하고 있지? 왜 그럴까?

M 목이 길게 늘어나서 그렇죠.

C 아까는 턱이 발에 닿을 때까지 몸이 줄어들었는데, 지금은 목만 길게 늘어났지?

M 그러네요. 늘어나고 줄어드는 방식이 뭔가 이상한 거 같아요.

C 여기서 잠시 비둘기가 한 말을 생각해보고 가자.
목이 길면 모두 뱀일까?

M 아뇨. 그건 아니죠.

C 그런데 왜 비둘기는 앨리스에게 뱀이라고 했을까?

M 그거야 비둘기가 뱀한테 하도 당하다 보니까 목이 길면 다 뱀이라고 생각하는 거겠죠.

C 그렇지? 그런데 잘 보면 비둘기의 말에 잘못된 논리가 숨어 있어.

M 무슨 논리요? 비둘기는 앨리스의 목이 너무 기니까 그냥 뱀이라고 생각한 거잖아요.

C 바로 그게 문제라는 거야. 정리를 해보자.

뱀은 길다. → 앨리스는 길다. → 앨리스는 뱀이다.

M 논리가 어딘가 이상해 보이는데 뭐가 잘못된 걸까요?

C 너 삼단논법이라는 걸 들어봤니?

M 혹시 이런 건가요?

사람은 죽는다. → 소크라테스는 사람이다. → 소크라테스는 죽는다.

C 그렇지. 그런데 왜 네 말은 맞고 비둘기가 한 말은 틀렸을까?

M 둘 다 비슷해 보이는데 뭐가 다른 거죠?

C 잘 보면 네가 말한 삼단논법에서는 '사람은 죽는다'라는 문장과 '소크라테스는 사람이다'라는 문장이 자연스럽게 이어지지. 그래서 '소크라테스는 사람이고, 그래서 죽는다'라는 결론에 도달할 수 있는 거야.

M 아하~ 알겠어요. 비둘기의 삼단논법에서는 '뱀은 길다'라는 문장과 '앨리스는 길다'라는 문장이 결론으로 이어지질 않는군요.

C 그러면 비둘기의 삼단논법을 어떻게 바꿔야 논리적으로 연결될까?

M 음… 논리만 생각한다면 뒤에 두 문장을 바꿔서 이렇게 써야 할 거 같은데요?

뱀은 길다. → 앨리스는 뱀이다. → 앨리스는 길다.

C 문장의 참 거짓을 따지지 않는다면 삼단논법 형식에는 맞는구나.

M 그런데 앨리스는 뱀이 아니잖아요.

   그러니까 저 삼단논법은 말이 안 되는 억지 논리예요.

C 사실 비둘기에게는 처음부터 논리 같은 건 없었어.

   앨리스가 뱀이라는 결론을 미리 정해놓고 시작한 말이었으니까.

M 앨리스가 길고 알을 먹는다는 것이 모두 뱀이라는 결론을 내리
   기 위한 핑계였던 거네요.

C 그런 셈이지. 그렇다면 원래 너의 질문으로 되돌아가 보자.

   앨리스는 왜 버섯을 먹었을 때 턱이 발끝에 부딪혔을까?

M (잠시 생각하더니) 버섯이 이상한 거 같아요.

   그 버섯을 먹으면 몸이 일정한 비율로 늘어나거나 줄어드는 게
   아니라 어느 특정한 지점을 중심으로 한쪽만 길게 늘어나거나
   짧게 줄어드는 거 같아요. 목이 뱀처럼 길게 늘어난 걸 보면요.

C 그런 거지. 우리가 흔히 생각하는 닮음의 개념이 깨지는 거야.

M 참 희한한 설정이네요. 왜 앨리스의 모습을 이런 식으로 우스꽝
   스럽게 늘리거나 줄이신 거예요?

C 당시에 말도 안 되는 얘기를 하는 사람들이 있었거든. 공과 주사
   위가 같은 모양이라는 둥, 도너츠가 머그컵과 같은 모양이라는
   둥 헛소리를 하는 무리였지.

M 공과 주사위가 어떻게 같은 모양이에요? 또 도너츠랑 머그컵은
   완전히 다르잖아요.

C 그 사람들 말에 의하면 공에 구멍을 뚫거나 찢지 않고 잘 주무르
   면 주사위가 된다는구나. 도너츠 모양도 마찬가지로 변형시키면
   머그컵이 된다는 거지.

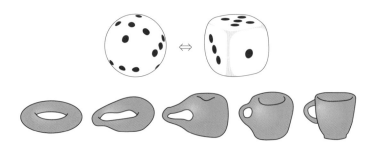

M 주무르면서 늘리고 뭉치고 하면서 다른 형태로 만든다는 거군요.

C 그래도 수학적인 성질은 변하지 않는다나 뭐라나. 말 같지 않은
소리를 하길래 그런 식으로 사물을 변형시키면 얼마나 우스운
꼴이 되는지를 말해주고 싶었지.

M 그러니까 선생님은 앨리스 이야기 속에서 교묘하게 그 사람들을
비꼰 거네요. 목을 늘리거나 턱이 발끝에 닿도록 줄이면 얼마나
이상한 형태가 되는지 보라는 거죠?

C 그렇지. 그런 게 내 방식이거든.
두고 보라구. 다음 장에서도 또 나올 테니까.

M 정말요? 또 찾아봐야겠네요. 모르고 볼 때는 그냥 그런가 보다
했는데, 알고 보니 되게 통쾌하고 재밌네요.

C 듣자 하니 그 사람들의 주장이 지금은 수학의 한 분야로 인정받
고 있다는구나. 위상수학(topology)이라고 불린다지?

M 와~ 실제로 그런 수학 분야가 있군요.
도너츠를 머그컵으로 만드는 마술 같은 수학 분야가요.

C 그렇다니까. 세상이 변하면서 수학도 참 많이 변한 거 같아.

M 선생님이 살던 시대에는 새로운 수학 개념들이 정말 많이 나왔

나 봐요. 그러니 얼마나 혼란스러우셨을까요.

C 그래서 내가 앨리스에게 해법을 알려줬어.

저렇게 몸이 이상하게 커졌다 작아졌다 하는 세상에서는 어떻게

살아남아야 하는지 말이야.

M 네? 언제 알려주셨어요? 저는 못 본 거 같은데요.

C 너도 알아채지 못했구나.

M 또 어딘가에 아주 교묘히 숨겨놓으셨군요.

C 가만 보자.

5장의 앞부분으로 다시 돌아가서 이 부분을 읽어볼까?

"돌아와!" 애벌레가 앨리스를 불렀다. "너에게 해줄 중요한 말이 있어!"

이번에는 확실히 뭔가 기대해도 될 거 같았다. 앨리스는 발길을 돌려 애벌

레에게 돌아갔다.

"화를 참아야 해(Keep your temper)." 애벌레가 말했다.

M 앵? 이게 뭐예요.

C 이게 바로 내가 애벌레를 통해 앨리스에게 알려줬던 생존 전략

이다.

M 참는 게 무슨 생존 전략이에요.

C 아니. 그게 아니야.

M 아니긴 뭐가 아니에요.

애벌레가 '화를 참아야 해'라고 말하고 있는데요.

C 그게 '화'가 아니란 말이야. 'temper'라는 단어에는 '화', '기분'이 라는 뜻 말고도 '적당한 비율'이라는 의미가 있거든.

믿지 못하겠지만 내가 살았던 빅토리아 시대에는 '비율'이란 의 미가 더 친숙했어.

M 그럼 애벌레가 한 말은 '화를 참아야 한다'는 뜻이 아니라 '적당 한 비율을 유지하라'는 말이었군요.

그렇게 해석하니까 완전히 다른 말이 되는데요?

C 그렇지? 다시 5장 이야기의 끝으로 가봐라. 그러면 앨리스가 어떻 게 온전한 비율을 유지하며 크기를 조절하는지 알 수 있을 거다.

M 아하! 왼쪽 버섯을 먹었다가 또 오른쪽 버섯을 먹었다가 하면서 몸의 크기를 조절하는군요. 비율에 맞도록 말이죠. 결국 앨리스 는 애벌레의 충고를 이해하고 살아갈 방법을 찾은 거네요.

C 그렇겠지? 자, 그럼 계속해서 6장을 읽어보마.

6장. 돼지와 후추

앨리스가 그 (작은) 집을 바라보며 이제 무엇을 해야 하나 고민하던 그때, 갑자기 제복을 입은 하인이 숲에서 달려와서는 주먹으로 문을 쾅쾅 두드렸다. (제복을 입어서 하인이라고 생각했지, 안 그랬다면 그의 얼굴만 보고 물고기라고 생 각했을 것이다.) 그러자 개구리처럼 큰 눈과 둥근 얼굴을 가진 다른 제복을 입 은 하인이 나와서 문을 열었다. 앨리스는 그들의 곱슬머리 위에 흰색 가루가 뒤덮인 것을 보았고, 궁금한 마음에 숲에서 조금 떨어진 곳으로…

처음에 뻐근했던 마르코의 팔이 점점 무거워지더니 이제는 감각이
없어졌다. 아무래도 팔이 노를 젓는 데 익숙해진 모양이다. 다행이라고
생각하면서 선생님의 낭독에 집중하던 마르코는 체셔 고양이와 앨리스
의 대화에 푹 빠져들었다.

M 지금 읽으신 6장 내용이 무척 흥미롭네요. 체셔 고양이 이야기
   는 처음에는 없었다가 나중에 추가한 거라고 하셨죠?
C 잘 기억하고 있구나.
M 아까 잠깐 책에서 봤는데 체셔 고양이 생김새가 너무 귀엽더라
   구요. 입이 찢어져라 웃는 모습도 익살스러운 거 같아요.
   하인들의 얼굴을 개구리나 물고기로 그린 것도 그렇고, 몸집만

큼 큰 편지를 전달하는 것도 되게 신선했어요. 격식을 갖추며 깍
듯하게 인사하다가 머리가 뒤엉키는 모습도 우스꽝스러웠구요.

C 하여간 그놈에 예의와 격식이 무엇보다 중요한 시대였으니까.
   듣다 보니 정신이 혼미하지 않든?

M 맞아요. 도대체 요리사는 왜 계속 수프에다가 후추를 뿌리는 거
   죠? 접시는 왜 자꾸 집어 던지구요?

C 그 와중에 공작부인은 울어대는 아기를 앨리스에게 던지고 여왕
   님과의 크로케 경기를 한다며 나가버리지.

M 진짜 정신없는 장면이었어요.
   그런데 그거 아세요? 저 그걸 찾았어요.

C 뭘 찾았다는 거냐?

M 아까 도너츠랑 컵이 같다고 주장하는 사람들을 비꼰 부분이요.
   또 나올 거라고 하셨잖아요.

C 그래? 어디인 거 같으냐.

M 제가 그 대목을 직접 읽어볼게요.

　앨리스는 혼자 생각하기 시작했다. '자, 이 아기를 내가 집에 데리고 가면
뭘 어떻게 해야 하지?'
　아기가 다시 큰 소리로 꿀꿀거리기 시작했다. 그런데 아기 얼굴을 내려다
본 앨리스는 깜짝 놀라고 말았다. **그것은 영락없는 돼지였다.** 그러자 앨리스
는 돼지를 계속 안고 가는 것이 무척이나 우스꽝스러운 행동이라는 생각이 들
었다. 결국 앨리스는 그 어린 생명을 내려놓았고, 숲속으로 조용히 걸어가는

것을 보며 안심했다.

M   여기 보면 아기가 돼지로 변하잖아요. 아까 공을 주물러서 주사
위로 만들 수 있다고 하셨는데, 그것처럼 아기도 조금 더 통통하
게 부풀리고 손과 발, 눈과 코 같은 부분을 조금씩 변형시키면
돼지처럼 만들 수 있잖아요.

C   그렇지. 사람과 돼지는 생김새만 조금 다를 뿐, 눈, 코, 입의 위치
라든가 팔, 다리의 개수가 같으니까.

M   그런 식이라면 팔, 다리의 개수를 늘리거나 줄이는 것도 가능하
겠어요.

C   사람에게는 없는 꼬리도 만들어낼 수 있겠지?

M   결국 그 사람들 주장처럼 사물을 주무르면서 변형시키면 귀여운

아기도 못생긴 돼지로 바꿀 수 있다. 뭐 그런 말씀인 거죠?

C 수학적 성질은 변하지 않을 수 있지만 아주 웃긴 모양이 된다는 거지.

M 노도 잘 젓고 선생님의 생각도 척척 읽어내고. 저 좀 쓸 만하지 않나요?

C 같이 대화하기에 꽤 괜찮은 파트너 같구나.

그럼 6장에서는 더 궁금한 게 없는 거냐?

M 잠깐만요! 앨리스가 체셔 고양이와 했던 대화가 좀 이상했어요.

너도 미쳤고 나도 미쳤어

"이 근처에 어떤 사람들이 살죠?"

"저쪽에는 모자 장수가 살아." 고양이가 오른발로 원을 그리며 말했다. "그리고 저쪽에는 3월 쥐가 살지." 이번엔 다른 쪽 발을 흔들며 말했다. "네가 가고 싶은 방향으로 가봐. 걔네들은 둘 다 미쳤으니까."

"하지만 저는 미친 사람들이 있는 곳으로 가고 싶지 않아요." 앨리스가 외쳤다.

"아, 그건 어쩔 수 없어." 고양이가 말했다. "여기서 우리는 모두 미쳤거든. 나도 미쳤고, 너도 미쳤어."

"내가 미친 걸 당신이 어떻게 알아요?" 앨리스가 말했다.

"너는 틀림없이 미쳤어." 고양이가 말했다. "미치지 않았다면 너는 여기 오

지 않았을 테니까."

앨리스는 말도 안 된다고 생각했지만 계속해서 물었다. "그럼 당신이 미친 건 어떻게 알죠?"

"우선, 개는 미치지 않았어. 그건 인정하지?"

"네, 그런 것 같아요." 앨리스가 말했다.

"그럼 다음으로," 고양이가 계속해서 말했다. "너도 알다시피 개는 화가 나면 으르렁거리고, 기분이 좋으면 꼬리를 흔들잖아. 그런데 나는 기분이 좋으면 으르렁거리고, 화가 나면 꼬리를 흔들어. 그러니까 나는 미친 거야."

M 지금 체셔 고양이가 앨리스에게 "여기서 우리는 모두 미쳤어. 너도 미쳤고, 나도 미쳤어"라고 말하잖아요. 이 말이 틀렸다고 말하고 싶은데 어떻게 해야 할지 모르겠어요. 앨리스만큼 저도 답답하네요.

C 그럼 체셔 고양이의 말에 어떤 논리가 있는지 한번 분석해보자.

두 문장을 조금 다듬어보면 이렇게 될 거야.

여기에 있는 이들은 미쳤다.
미치지 않았다면 여기에 없다.

M 저 문장을 어떻게 분석해요?

C 문장 속에 있는 두 조건 '여기에 있다'와 '미쳤다'를 각각 A와 B라고 해보자. 그러면 이렇게 간단히 기호로도 나타낼 수 있단다.

여기에 있는 이들은 미쳤다. ☞ A이면 B이다.

미치지 않았다면 여기에 없다. ☞ B가 아니면 A가 아니다.

M 조금 간단해진 거 같긴 하네요.
그런데 저 두 문장 사이에 어떤 관계가 있는 건가요?

C 두 문장은 논리적으로 같은 문장이야. 저 두 문장은 '명제'와 '명제의 대우' 관계에 있거든.

M 명제는 뭐고 명제의 대우는 또 뭐예요?

C 명제라는 건 참인지 거짓인지를 분명하게 말할 수 있는 문장이란다. 그리고 명제는 대부분 'P(가정)이면 Q(결론)이다'와 같이 가정과 결론의 두 부분으로 나누어지지.

M 그럼 명제의 대우는 뭔데요?

C 주어진 명제의 가정과 결론을 각각 부정한 다음 순서를 바꾼 걸 말해.

M 그럼 'P이면 Q이다'라는 명제의 대우는 'Q가 아니면 P가 아니다'가 되겠네요.

C   아주 잘 이해했다. 여기서 중요한 건 어떤 명제가 참이면, 그 명제의 대우는 언제나 참이 된다는 거야. 마찬가지로 어떤 명제가 거짓이면, 그 명제의 대우도 항상 거짓이 되지.

M   아~ 명제와 명제의 대우는 참과 거짓이 일치한다는 말씀이시군요. 그렇다면 체셔 고양이가 말한 첫 번째 문장이 참이면 아래 문장도 참이 되겠네요?

C   첫 문장이 거짓이면 아래 문장도 거짓이 되겠지.

M   그럼 이제부터 체셔 고양이가 말한 첫 번째 문장이 참이냐, 거짓이냐를 밝혀야겠네요. 그런데 그걸 어떻게 밝히죠?

C   체셔 고양이의 그다음 말을 잘 봐라.

M   자신이 미친 이유를 앨리스에게 설명하는 부분요? 그런데 그 문장도 이상하긴 마찬가지예요. '개는 미치지 않았다'라는 사실을 참으로 놓고 자신이 미쳤다는 걸 설명하고 있잖아요.

C   멀쩡한 게 하나도 없는 거 같지?

M   정신이 하나도 없어요.

C   그럼 다시 자신이 미쳤다고 주장하는 고양이의 문장을 논리적으로 분석해보자. 먼저, '개는 미치지 않았다'라는 말을 앨리스도 인정했으니 참이라고 하자. 그럴 때 '개는 화가 나면 으르렁거리고, 기분이 좋으면 꼬리를 흔든다'고 했잖아. 그걸 또 각각 조건으로 표시해보는 거지.

M   잠깐만요! 제가 해볼게요.
    이번엔 '미치지 않았다'를 A, '화가 나면 으르렁거리고, 기분이 좋으면 꼬리를 흔든다'를 B라고 하면 어떨까요?

C 괜찮을 거 같다.

그러면 고양이의 첫 문장을 이렇게 정리할 수 있겠구나.

<u>미치지 않으면, 화가 날 때 으르렁거리고 기분이 좋을 때 꼬리를 흔든다.</u>

☞ A이면 B이다.

그럼 이 명제의 대우도 생각해볼 수 있겠지?

M 가정과 결론을 각각 부정해서 순서를 뒤집으라고 하셨으니까.

<u>기분이 좋을 때 으르렁거리고 화가 날 때 꼬리를 흔들면, 미친 것이다.</u>

☞ B가 아니면 A가 아니다.

이런 논리라면 체셔 고양이는 미친 게 맞겠네요.

C '화가 날 때 으르렁거리고, 기분이 좋을 때 꼬리를 흔든다'를 부정한 문장이 '기분이 좋을 때 으르렁거리고 화가 날 때 꼬리를 흔든다'가 맞다면 말이다.

M 그러고 보니 지금까지 살펴본 체셔 고양이와 앨리스의 대화들은 모두 명제와 명제의 대우를 이용한 말장난이었네요.

C 앨리스가 반박하기 어려웠던 이유가 바로 그거란다.

명제와 명제의 대우는 돌고 도는 순환의 고리처럼 논리적으로 이어져 있거든. 그 고리를 끊어낼 결정적인 단서를 찾지 않으면 반박이 불가능해.

M 결국 체셔 고양이는 참인지 거짓인지도 모를 대화를 명제와 명제의 대우를 이용해서 이어간 거네요. 앨리스는 체셔 고양이가 만든 명제의 늪에서 벗어날 수 없었던 거구요.

C 그렇다고 볼 수 있지.

M 똑똑한 고양이 녀석에게 속은 불쌍한 앨리스.

웃음만 남은 체셔 고양이

C 너 혹시 6장에서 이 부분이 궁금하지 않았니?

"'돼지(pig)'라고 했니, 아니면 '무화과(fig)'라고 했니?" 고양이가 물었다.

"'돼지'라고 했어요." 앨리스가 대답했다. "그리고 계속 그렇게 갑자기 나타났다가 사라졌다가 하지 않으면 좋겠어요. 너무 어지럽거든요!"

"그래, 알았어." 고양이가 말했다. 그러더니 이번에는 꼬리 끝부터 아주 천천히 사라지기 시작했다. 그렇게 다른 모든 부분이 사라질 때까지 남아 있던 고양이의 웃음은 마지막이 되어서야 사라졌다.

'정말이지! 나는 **웃지 않는 고양이**는 자주 봤었지만 **고양이 없는 웃음**이라니! 이렇게 이상한 건 정말 처음 봤어!' 앨리스가 생각했다.

M   어! 맞아요. 그 부분도 황당했어요. 고양이가 웃는 것도 그렇고 사라졌다 나타났다 하는 것도 이상하잖아요.

C   그것도 그렇지만 나는 이 부분에서 '고양이 없는 웃음'이 얼마나 터무니없는 것인지를 말하고 싶었단다.

M   터무니없다니 그게 무슨 말씀이에요?

C   테니얼의 삽화를 보지 말고 상상해보겠니?
    저 대목을 읽고 어떤 모습이 떠오르는지 말이야.

M   음… 웃지 않는 고양이는 금방 상상이 되죠. 고양이는 원래 웃지 않으니까요. 그런데 고양이 없는 웃음은… 뭐죠? 고양이가 웃는다 쳐도 얼굴이 있어야 웃음을 그려 넣을 수 있잖아요.

C   내가 하고 싶었던 말이 바로 그거야. 고양이가 사라지고 없는데 어떻게 웃음만 남을 수가 있겠냐 말이다.

M   지당하신 말씀입니다. 웃음이라는 건 실체가 있어야 그려지는 거잖아요. 아이의 웃음, 노인의 웃음처럼요.

C   네가 말한 그 실체라는 것. 나는 그 얘기를 하고 싶었어.
    내가 살았던 19세기에는 수학이 점점 실체를 잃고 형식만 남아 가고 있었거든.

M   수학에서 실체가 사라진다는 건 어떤 걸까요?
    혹시 '사과 한 개, 과자 두 개, 염소 세 마리'를 그냥 '1, 2, 3'이라고 표현하는 걸 의미할까요?

C 말하자면 그런 식이지.

M 아~ 그러니까 체셔 고양이는 사과나 과자처럼 구체적인 실체를 의미하고, 웃음은 추상적인 형식의 수학을 의미하는군요.

C 제대로 이해했구나.

M 그런데 어쩌면 자연스러운 과정 아닐까요?

숫자를 셀 때마다 사과나 과자 같은 사물을 찾을 수는 없잖아요. 그러면 너무 번거로울 거 같거든요.

C 숫자를 세는 건 그럴 수 있지. 그런데 점점 더 많은 수학 개념들이 그런 식으로 변해가고 있었어.

M 어떤 개념을 가리키시는 걸까요?

C 쉬운 예로 0을 들어보자꾸나. 0은 숫자일까? 아닐까?

M 당연히 숫자죠.

C 너에게는 당연하겠지만 오래전 사람들에게는 그게 당연하지 않았어. 아무것도 없는 상태를 왜 굳이 숫자로 표시해야 하는지 이해하지 못했거든.

M 음… 아무것도 없다는 건 실체가 없는 건데, 그걸 수로 표현한다는 게 이상할 수도 있었겠네요.

C 어쩌면 0의 발견은 실체가 없는 것을 수로 표현한 첫 번째 예일 수도 있겠구나. 그래서 더더욱 긴 시간이 필요했지. 0을 숫자로 받아들이기까지 말이야.

M 무슨 말씀인지 조금 알 거 같아요.

C 그 과정에서 표기법도 수없이 진화했단다.

M 정말요? 0을 0이라고 안 쓰면 도대체 어떻게 써요?

C (연필과 종이를 꺼내며) 다양한 표기법이 있었거든. 초기 문명국가라 할 수 있는 바빌로니아나 마야에서는 이런 식으로 0을 썼지.

바빌로니아 숫자 0   마야 숫자 0

M 숫자가 신기하게 생겼네요. 저런 글자들이 지금의 '0'으로 발전되고 통일되기까지 무수한 논쟁이 있었던 거잖아요.

C 비단 0뿐만이 아니야. 방정식에서도 실체가 없는 음수 해를 인정해야 하는가 말아야 하는가의 문제가 오랜 기간 수학자들을 괴롭혔어. 나처럼 실체를 중요시하는 사람들과 수학의 추상화를 반기는 사람들의 팽팽한 줄다리기가 어느 한쪽의 승리로 끝날 때까지는 생각보다 긴 시간이 필요하더구나.

M 실체가 없는 수학을 인정할 것이냐 말 것이냐…
고민은 되겠지만 논의의 과정을 거치며 수학도 역사처럼 진화하고 발전하는 거 아닐까요?

C 맞는 말이다. 그렇지만 논쟁의 중심에 있다 보면 괴로울 때가 많아. 점점 추상화되어가는 수학을 바라보면서 도대체 어디까지 받아들여야 하는 건지 혼란스러웠지.

M (한숨을 쉬며) 선생님 말씀을 듣다 보니 세상에 당연한 건 없는 거 같아요. 지금 제가 당연하게 배우는 것들이 과거에는 당연하

지 않았던 거잖아요.

C 네 말처럼 진화의 과정이겠지. 그 얘기는 다음 장에서 더 하고 우
   리 이제 좀 쉬도록 하자. 저기 가드스토 선착장이 보이는구나.

마르코는 캐럴 선생님이 싸온 점심 도시락을 맛있게 먹는다. 후식으
로 준비해온 과자를 홍차에 찍어 먹어보기도 한다. 버터가 잔뜩 들어간
과자와 우유를 부은 홍차를 처음 맛본 마르코는 계속해서 감탄사를 쏟
아낸다.

생각한 대로 말한다구? 말한 대로 생각한다구?

C 버터 과자와 홍차를 맛있게 먹는 모습을 보니 다음에 이어질 이
   상한 다과회 이야기를 네가 읽어보는 게 좋을 거 같구나.

7장. 미친 다과회

집 앞 나무 아래에는 식탁이 놓여 있었고, 3월 토끼와 모자 장수는 그곳에
서 차를 마시고 있었다. 그 둘 사이에는 잠쥐가 앉아서 졸고 있었는데, 그 둘
은 잠쥐가 쿠션인 것처럼 팔꿈치를 괴고 머리 위에서 대화를 나누고 있었다.
'잠쥐가 너무 불편하겠어.' 앨리스가 생각했다. '지금 잠을 자고 있어서 모르고
있는 거 같아.' 탁자는 아주 컸지만 그 셋은 한쪽 구석에 모여 있었다.

"자리가 없어! 자리가 없어!" 그들은 앨리스가 다가오는 것을 보며 소리 쳤다.

3월 토끼와 모자 장수와 잠쥐, 그리고 불청객인 앨리스가 주고받는 대화를 읽으며 마르코는 몇 번이나 고개를 갸웃거린다. 시간을 마치 사람인 것처럼 말하고 있는 것도, 시간과의 사이가 나빠진 이후 시간이 언제나 6시에 머물러 있다는 모자 장수의 말도 영 이해가 되지 않는다.

M 이해가 잘 안 되는 말들이 많아요. '까마귀와 책상의 닮은 점이 뭐냐'는 모자 장수의 질문도 그렇고, 시간과 친해지면 원하는 대로 원하는 만큼 시간을 돌려준다는 말도 이상해요.
C 그래? 그럼 까마귀와 책상의 닮은 점이 뭐냐는 질문을 조금 쉽게 바꿔볼까?
M 어떻게요?

C 네가 들고 있는 책과 우리가 타고 온 배의 공통점을 찾아봐라.

M 앵? 그게 쉬워진 거예요? 여전히 모르겠는데요.

C 어떤 거든 좋으니까 한번 찾아봐라.

M 음… 둘 다 나무로 만든 거다?

C 좋아. 또 뭐가 있을까?

M 앨리스 이야기와 관계가 있다?

C 그것도 좋네. 또?

M 둘 다 즐거움을 준다?

C 아주 좋은데?

지금 네가 찾은 공통점만 해도 벌써 세 가지나 되는구나.

M 그렇죠. 그런데 그런 식의 질문이 갑자기 왜 나온 건지 모르겠어요.

C 그야 내가 그런 걸 연구하는 수학자니까 그렇지.

M 네? 선생님이 까마귀와 책상을 연구한다구요?

C 아니. 그게 아니야.

M 그게 아니면 뭘 연구하신다는 거예요?

C 나 같은 대수학자들은 관계없어 보이는 대상들 사이에 공통으로 숨어 있는 어떤 성질이나 관계를 찾아내는 사람들이거든. 수학적이면서 추상적인 성질 말이다. 이 부분도 같이 한번 보자.

"그럼 넌 그 질문에 답을 할 수가 있다는 거야?" 3월 토끼가 말했다.

"그렇다니까요." 앨리스가 말했다.

"그러면 네가 **생각하는 걸 말해야 해.**" 3월 토끼가 계속해서 말했다.

"당연하죠." 앨리스가 서둘러 말했다. "적어도… 적어도 저는 **말하는 대로 생각해요.** 그러니까 그건 같은 거예요."

"전혀 같지 않아!" 모자 장수가 말했다. "네 말은 '**나는 내가 먹는 것을 본다**'와 '**나는 내가 보는 것을 먹는다**'가 같다고 말하는 것과 같아."

"네 말은," 3월 토끼도 거들었다. "'**나는 내가 가진 것을 좋아한다**'와 '**나는 내가 좋아하는 것을 가진다**'가 같다는 말이야."

"네 말은," 잠쥐도 잠꼬대를 하듯 중얼거렸다. "'**나는 잘 때 숨을 쉰다**'와 '**나는 숨 쉴 때 잔다**'와 같은 말이야."

"너에게는 똑같겠지만 말이야." 모자 장수가 말했고, 대화가 잠시 끊겼다.

M 음… '생각하는 걸 말해라'와 '말하는 대로 생각하라'. 왠지 체셔 고양이의 말장난하고 비슷해 보이는데요?

C '생각하는 걸 말하는 것'과 '말하는 대로 생각하는 것'은 같은 걸까? 다른 걸까?

M 글쎄요. 보통은 생각하는 대로 말을 하잖아요. 말에는 생각이 담겨 있는 거니까 결국 제가 한 말은 저의 생각과 같은 거라고 할 수 있겠죠.

C 앨리스와 똑같이 대답하는구나. 그렇다면 '나는 내가 먹는 것을 본다'와 '나는 내가 보는 것을 먹는다'는 같은 걸까? 다른 걸까?

M 먹는 것을 보는 거랑 보는 것을 먹는 건 좀 다른 거 같아요. 먹다가 어느 순간 쳐다보는 상황이랑 보여서 먹기 시작하는 상황은 다르잖아요.

C 이번에는 3월 토끼의 말을 생각해보자. '내가 가진 것을 좋아한다'와 '내가 좋아하는 것을 가진다'는 같은 걸까? 다른 걸까?

M 그건 조금 더 다른 거 같은데요? '가진 것을 좋아한다'는 건 처음에 좋아했든 싫어했든 상관없이 일단 내 것이 되면 좋아하겠다는 거잖아요. 그런데 '좋아하는 것을 가진다'라는 건 처음부터 싫은 건 빼고 좋아하는 것만 갖겠다는 거구요.

C 마지막으로 '나는 잘 때 숨을 쉰다'와 '나는 숨 쉴 때 잔다'는 같은 걸까? 다른 걸까?

M 그건 전혀 다르죠. 잘 때 숨을 쉬는 건 너무 당연한 말이고, 숨 쉴 때 잔다는 말은 항상 잔다는 말이잖아요. 우리는 계속 숨을 쉬며 사니까요.

C 그렇다면 비슷해 보이는 질문인데도 왜 어느 문장은 같아 보이고, 어느 문장은 달라 보일까?

M (머리를 쥐어뜯으며) 아~~~악! 모르겠어요.

C 누가 보면 내가 너를 무척 괴롭히는 거 같겠구나.

M 괴롭히는 거 맞거든요? 비슷비슷한 질문들로 제 머릿속을 몽땅 어지럽히고 계시잖아요.

C 그럼 정리를 좀 해보자. 앞에 체셔 고양이 얘기에서 명제에 대해 말했던 거 기억하지.

M P(가정)이면 Q(결론)이다. 맞죠?

C 좋다. 그리고 명제와 그 명제의 대우는 참, 거짓이 언제나 같다는 것도 기억하지?

M 아직 한나절도 안 지났으니 당연히 기억하고 있죠.

C 그러면 문장들을 다시 잘 봐라.
모두 'P(가정)이면 Q(결론)이다' 같은 형태로 되어 있지 않니?

M 그러네요. 참, 거짓은 모르겠지만 가정과 결론으로 나눌 수는 있겠어요. 그럼 저 대화들도 체셔 고양이가 했던 말처럼 명제들로 만든 건가요?

C 이번에는 '대우'가 아니라 '역'이라는 점이 달라졌지.

M '역'이라구요?

C 그래. '역'은 가정과 결론을 뒤집는 거야. '거꾸로'라는 의미거든.

M 'P(가정)이면 Q(결론)이다'를 'Q(결론)이면 P(가정)이다'로 바꾼다구요? 그러고 보니 대화들이 다 그런 식이었네요.
그런데 왜 어떤 문장들은 같은 거 같고, 또 어떤 문장들은 다른 것 같죠?

C 그건 어떤 명제가 참이라고 해서 그 명제의 역이 항상 참인 것은 아니기 때문이지.

M 그 말은, 어떤 명제가 참일 때, 그 역은 참일 수도 있고 거짓일 수도 있다는 말이겠죠?

C 그냥 '명제의 참, 거짓과 그 명제의 역의 참, 거짓은 관계가 없다' 라는 말로 정리할 수 있겠구나.

M 그러니까 명제와 명제의 역으로 구성된 두 문장이 있을 때, 둘 다 참인 경우도 있고, 둘 중 하나만 참인 경우도 있다는 거잖아요.

C 둘 다 거짓인 경우도 있을 수 있지.

M 아하! 이제 명제와 명제의 역은 알겠어요.

그런데 시간에 대한 얘기는 아직도 이해가 안 돼요.

C 시간과 친해지면 모든 시간을 나에게 맞춰준다는 말이 궁금하구나.

이걸 어떻게 설명하면 좋을까?

해밀턴, 사원수를 발견하다

C 편하게 한번 들어봐라. 내가 살았던 시대는 수학적으로 큰 변화
가 있었던 시기라고 말했잖니. 그 여러 가지 변화 중에는 수 체
계의 변화도 있었어. 해밀턴이라는 아일랜드의 수학자가 있었는
데, 그 사람이 사원수(quaternion)라는 새로운 수를 발견했거든.

M 사원수요? 제가 아는 수는 자연수, 정수, 유리수, 무리수 정도인
데, 그거 말고도 수가 더 있다는 말씀이세요?

C 그럼. 그게 끝이 아니야. 수라는 것도 계속 진화하면서 확장되거든.
사원수는 3차원 공간에서의 움직임을 설명하기 위해 만들어진
수라는구나.

M 뭔가 복잡한 수일 거 같네요.

C 너 혹시 고대 그리스의 피타고라스 학파가 제곱해서 2가 되는 수
를 발견하고 나서 대혼란에 빠졌다는 사실을 알고 있니?

M 그 사실을 다른 사람에게 말한 히파수스라는 수학자를 물에 빠
뜨려 죽였다는 이야기도 수업시간에 들었어요.

C 그래. 새로운 수가 발견될 때마다 수학자들은 큰 충격과 두려움에 빠지거든. 제곱하면 −1이 된다는 허수의 존재도 19세기에 활동하던 수학자들을 괴롭혔지. 그런데 한발 더 나아가 사원수를 발견했다고 주장하는 사람이 생겼으니 어땠겠니?

M 두려웠겠죠. 피타고라스도 무리수 때문에 기존의 수 체계가 무너질까봐 덮으려고 했던 거잖아요.

C 바로 그런 마음이었어.
내 생각에 사원수는 실체를 알 수 없는 숫자놀음 같았거든.

M 그럼 혹시 이상한 다과회에서 사원수를 비꼰 대목도 있어요?

C 3월 토끼와 모자 장수, 그리고 잠쥐가 탁자를 벗어나지 못하고 뱅글뱅글 돌지 않니. 그런 상태가 바로 사원수를 풍자한 부분이란다.

M 그게 왜요?

C 해밀턴의 주장은 공간에서의 회전을 설명하려면 사원수를 사용해야 효율적이라는 거였거든. 그렇다면 사원수 중 하나를 빼버렸을 때 공간으로 나가지 못하고 평면에서만 움직이겠지? 탁자를 뱅글뱅글 도는 토끼와 모자 장수와 잠쥐처럼 말이다.

M 만약 빼버린 하나의 원소가 시간이라면 모자 장수가 한 말도 설명이 되겠는데요? 시간이 사라지는 바람에 토끼와 모자 장수와 잠쥐는 계속 6시에 머물며 티타임을 가져야 하는 거죠.

C 나보다 이해력이 좋은 거 같은데! 그리고 사실 내가 해밀턴의 사원수를 받아들이기 어려웠던 결정적인 이유가 하나 더 있었단다.

M 그게 뭔데요?

C 사원수에서는 곱셈을 할 때 순서를 바꾸면 결과의 부호가 달라진다고 하거든. 그런데 그건 지금까지 우리가 해왔던 곱셈의 대원칙을 거스르는 것 아니냐?

M 순서가 바뀌면 결과가 바뀐다구요? 어떻게 그럴 수가 있어요? 2×3은 6이고, 3×2도 6이잖아요.

C 우리가 아는 수 체계 안에서는 당연히 곱셈의 교환법칙이 성립하지. 그런데 사원수에서는 곱셈의 교환법칙을 포기해야만 된다는 게 해밀턴의 주장이야.

M 그럼 아까 그 대화가 명제와 명제의 역 말고 곱셈의 교환법칙으로도 해석될 수 있는 건가요? 앨리스는 $A \times B$와 $B \times A$가 언제나 같다고 생각했는데, 모자 장수와 3월 토끼, 그리고 잠쥐는 $A \times B$와 $B \times A$가 다를 수도 있다는 말을 하고 있는 거잖아요.

C 그런 의미로도 해석할 수 있지.

M 듣고 보니 당시에 수학자들이 왜 그렇게 사원수를 낯설어했는지 이해가 되네요.

C 그런데 최근에는 해밀턴의 사원수가 있어야만 설명이 가능한 이론들이 많다고 하더구나. 우주의 움직임을 설명할 때나 기하학적인 공간을 이해할 때 없어서는 안 될 숫자가 바로 사원수라고 하던데.

M 정말요? 결국 해밀턴이 발견한 사원수는 당시에는 인정받지 못하다가 시간이 많이 흐른 후에야 빛을 발한 거네요.

C 그런 예가 수학 분야에서는 참 많이 있지.
　실생활에서 어떻게 쓰일지를 염두에 두고 연구하는 수학자는 거의 없으니까. 수학자들은 수학 자체에 내재되어 있는 질서와 아름다움을 찾는 사람들이야.

M 수학 속에 질서와 아름다움이라…
저는 복잡하고 어렵기만 하던데요.

C 아직은 발견의 즐거움을 느낄 만한 단계가 아니라서 그럴 거다. 그래도 가끔은 스스로 문제 해결을 했다는 성취감이나 쾌감이 느껴지지 않니?

M 그런 순간들이 있긴 하죠.

C 바로 그런 순간을 즐기기 위해 수학자들이 끊임없이 연구하는 거란다. 순수한 학문적 호기심과 진리를 알고자 하는 욕망. 그게 바로 수학자들을 움직이는 원동력이지.

M 참 신기하네요. 그런데 선생님은 다른 수학자들이 갖지 못한 특기를 한 가지 더 가지고 계시잖아요.

C 특기? 어떤 특기 말이냐?

M 풍자와 유머를 담아 글을 쓰는 능력 말이에요.
당시 선생님을 포함한 많은 수학자들이 못마땅하게 생각했던 수학 내용을 미친 다과회 같은 이야기 속에서 재미있게 풀어내셨잖아요.

C 그런가?

M 당연하죠. 분명 비판하고 비꼬는 글인데 유머와 함께 뒤섞어버리니까 한층 부드럽고 재미있게 느껴져요. 한편으로는 통쾌하기도 하구요.

C 다행이구나. 이제 슬슬 정리하고 집으로 돌아가볼까?

M 네. 좋아요.

둘이 함께 노를 저어서인가. 작은 배는 날개 돋친 새처럼 강물 사이를 미끄러져 내려간다. 어느덧 뉘엿뉘엿 해가 넘어가고 길게 드리워진 노을이 강물 위에서도 넘실넘실 춤을 춘다. 마르코는 선생님이 말씀하신 '황금빛 오후'란 게 바로 이런 장면일 거라고 혼자서 생각해본다. 소녀들의 웃음소리가 끊이지 않았을 그날의 황홀했던 뱃놀이의 모습도 함께 떠올려본다. 그리고 그날을 추억하듯 우수에 잠겨 있는 캐럴 선생님의 옆모습을 물끄러미 바라본다.

황금빛으로 물든 템스강

교훈 없는
어린이책과
여왕의 심판

TICKET

에구… 에구구…

어제의 피로가 가시지 않은 듯 마르코는 자면서도 끙끙 앓는 소리를 낸다. 질끈 내려 감은 눈꺼풀 위로 희뿌연 빛과 따스한 기운이 느껴지는 걸 보니 아침이 되긴 했나 보다고 마르코는 생각한다. 그러나 도대체가 움직여지지 않는 몸뚱어리와 묵직한 어깨. 마르코는 자리에 가만히 누워서 일어날까 말까를 수백 번쯤 고민한다.

'차라리 꿈속이 나았어. 꿈에서는 내 몸이 깃털처럼 가벼웠거든.'

'흠… 어떻게 해야 오늘을 좀 편하게 보낼 수 있을까?'

갖은 궁리 끝에 마르코는 힘든 바깥 활동 대신 실내에 머무를 수 있는 방법 하나를 찾아냈다. 그건 바로 선생님의 제자가 되는 것! 오늘 하루는 크라이스트 처치의 강의실에서 선생님과 책을 읽는 시간을 가져야겠다. 마치 옥스퍼드의 대학생이 된 것처럼.

C (노크하고 문을 열며) 잘 잤니? 밤새 이상한 소리가 나던데?

M 어깨가 묵직하고 온몸이 쑤셔서요.

   어제 노를 너무 열심히 저었나 봐요.

C 힘 좋다고 자랑할 때는 언제고 앓는 소리를 하는 거냐?

M 그러게요. 앞으로는 괜한 힘자랑은 하지 말아야겠어요.

선생님은 괜찮으세요?

C 나야 멀쩡하지. 노 젓기는 힘보다 요령이거든.

M 그렇군요. 그래서 말인데요, 오늘은 어디 멀리 가지 말고 선생님이 수업하시던 강의실 구경을 하는 게 좋겠어요.

C 많이 피곤한가 보구나.

M 옥스퍼드 대학생들은 어떤 강의실에서 수업을 듣는지도 궁금하고 선생님 제자처럼 수업도 들어보고 싶거든요.

C 그러자꾸나. 그런데 내 수업을 듣다 보면 깜짝 놀랄 텐데.

M 왜요?

C 궁금하지? 이유는 강의실에서 말해주마.
강의실은 엎어지면 코 닿을 곳에 있으니 천천히 준비하고 나오거라.

크라이스트 처치의 톰 타워 광장

마르코는 캐럴 선생님의 경쾌한 걸음걸이를 따라 걸어본다. 네모반 듯 널따랗게 펼쳐진 톰 타워 광장을 지나 강의실로 가는 길. 마르코는 〈해리 포터〉의 촬영지를 걷고 있다는 사실에 한껏 마음이 들뜬다. 그리 고 광장 잔디밭을 무대로 펼쳐졌을 퀴디치 경기 장면을 떠올리며 잠깐 이나마 환상의 세계에 빠져본다.

문학을 사랑한 수학 교수

M 선생님이 계신 이곳이 크라이스트 처치 칼리지라고 하셨죠?

C 그래, 내가 반평생을 보낸 곳이지. 지적이고 재능있는 사람들과 교류하며 지내기에는 이만한 곳도 없을 거다.

M 지금 머무는 숙소도 학교에서 제공해준 거예요?

C 그럼. 딱 한 가지만 빼면 더할 나위 없이 좋은 곳이었어.

M 딱 한 가지요? 그게 뭔데요?

C 그야 물론 가르치는 일이지.

M 아니, 가르치는 게 본업 아니셨어요?

C 그렇기는 한데 나한테 썩 잘 맞는 일은 아닌 것 같더구나.

M 왜요?

C 내 수업을 지루해하는 학생들이 많았거든.

M 정말요? 앨리스 이야기를 쓰신 거나 그걸 연극처럼 재미있게 읽 어주시는 걸 보면 수업도 되게 재밌게 하셨을 거 같은데요.

C 사실 나에겐 말을 더듬는 버릇이 있거든.

'루이스 캐럴의 방'으로 불리는 크라이스트 처치 대학원 휴게실

어렸을 때 열병을 앓은 후로 오른쪽 귀가 잘 안 들려서 말이야.

M 저는 말을 더듬으시는 줄 몰랐는데요?

C 어린 친구들과 있을 때는 그 버릇이 사라진단다. 참 신기하지?

M 그러셨군요. 제 앞에서 말을 편안하게 하신 걸 보면 저도 선생님
의 어린 친구인가 봐요.

C 하하. 대충 그런 걸로 치자.

  하여간 말 더듬는 습관 때문에 나는 수업할 때마다 마음이 불안
  했어. 강의를 하다 보면 발음하기 어려운 단어들이 종종 나오잖
  니. 그걸 큰 소리로 말해야 한다는 게 나는 너무 싫더구나.

M 아니, 앨리스 이야기에서는 발음도 어렵고 현란한 단어들을 그
  렇게 많이 쓰셨으면서 현실에서는 그런 단어들을 두려워하셨다

니… 앨리스 독자들은 선생님의 그런 고충을 아마 상상도 못 할 거예요.

C 내가 처음 학생들을 가르친 게 20대 초반이던 1855년이었거든. 처음에는 많이 지치고 힘들었어. 학생이 겨우 한 명뿐인 수업을 했는데도 말이야. 시간이 지나면서 학생 수가 점점 늘어나고 나 역시 그런 상황에 조금씩 익숙해지긴 했지. 그러다 보니 어느덧 26년이란 세월이 흘렀더구나.

M 선생님은 어떤 과목을 가르치셨던 거예요?

C 대수학과 논리학, 유클리드 기하학 같은 과목을 가르쳤단다.

M 아이고~ 말만 들어도 머리가 지끈합니다.

혹시 수학 때문에 머리가 아파서 동화를 쓰신 건가요?

C 무슨 말이냐? 나는 수학을 좋아했는데.

사실 나의 아버지도 이곳 크라이스트 처치에서 수학을 공부하셨거든. 내가 이 대학의 수학과를 선택한 건 아버지의 영향이 컸단다.

M 수학 잘하는 유전자를 물려받으셨나 봐요.

C 유전자까지는 모르겠고, 어려서부터 아버지에게 수학을 배우다 보니 자연스럽게 친숙해진 거 같다. 로그에 관한 책을 가져가서 아버지에게 가르쳐달라고도 하고, 직각의 삼등분 작도를 혼자서 고민해보기도 했거든.

계속 내 자랑을 하는 것 같아 조금 쑥스럽지만, 나는 문학으로도 학위를 받았어. 수학을 잘해서 받은 상이나 장학금보다 나는 문학 학위가 더 자랑스럽더구나.

M (무릎을 탁! 치며) 퍼즐이 완벽하게 맞춰지는 거 같아요.

C 무슨 퍼즐 말이냐?

M 들어보세요! 선생님은 수학 교수이면서 문학을 사랑한 분이기도 하잖아요. 그래서 수학이란 알맹이로 가득 찬 동화가 탄생할 수 있었던 거예요. 수학만큼이나 문학을 사랑하는 사람만이 쓸 수 있는 그런 이야기 말이죠.

C 그런가? 평생 수학을 연구하고 가르친 내가 수학을 빼면 재미가 없지 않겠니? 아무리 동화라고 해도 말이야.
   그럼 오늘의 책 읽기를 시작해볼까? 일대일 개인 교습처럼.

M 좋죠! 오늘은 저부터 시작할게요. 선생님을 따라 연극처럼 잘 낭독해보겠습니다.

8장. 여왕의 크로케 경기

정원의 입구에는 커다란 장미 나무 한 그루가 서 있었다. 그 나무에는 하얀 장미들이 활짝 피어 있었는데, 세 명의 정원사들이 달라붙어 빨간 페인트를 장미에 칠하고 있었다. 앨리스는 아주 이상한 모습이라고 생각해 그들을 보러 더 가까이 다가갔다. 그때 그들 중 한 명의 목소리가 들렸다.

"조심해, 5번! 나한테 페인트가 튀잖아!"

"나도 어쩔 수 없어." 5번이 퉁명스럽게 말했다. "7번이 내 팔꿈치를 쳤단 말이야."

이번엔 7번이 고개를 들며 말했다. "그럼 그렇지, 5번! 넌 항상 남 탓만 하더라!"

"너는 입 다무는 게 좋을걸! 어제 여왕님이 넌 목을 쳐도 좋을 놈이라고 말씀하시는 걸 들었거든!" 5번이 말했다.

"아니, 왜?" 처음으로 입을 연 정원사가 물었다.

"그건 네가 상관할 바가 아니야, 2번!" 7번이 말했다.

"그래, 그건 쟤가 알아서 할 일이지." 5번이 말했다. "그리고 내가…"

작은 문을 통과해 아름다운 정원으로 들어온 앨리스가 여왕님과의 크로케 경기를 시작한다. 살아 있는 홍학을 부여잡고 고슴도치 공을 쳐서 카드 병사들이 만든 골대를 통과시켜야 하는 이상한 게임. 말도 안 되는 규칙도 그렇고 툭하면 목을 치라는 여왕의 명령도 이해하기 어렵다. 체셔 고양이의 목을 치는 문제를 두고 다투는 부분까지 읽은 마르코는 다시 8장의 맨 앞부분으로 돌아온다.

2, 5, 7은 모두 소수

M 궁금한 부분이 많은데, 일단 맨 앞부분부터 시작할게요.

읽는 순간 뭔가 느낌이 팍~ 하고 왔거든요.

C 무슨 느낌이 왔는데?

M 소수(Prime number)요. 1과 자기 자신만을 약수로 갖는 자연수 말

이죠. 정원사로 등장하는 세 장의 카드 숫자가 2번과 5번, 7번이

잖아요. 이 세 수들은 모두 소수거든요. 일부러 이렇게 쓰신 거

맞죠?

C 모르고 쓰면 그게 더 이상한 거 아니냐?

M 그건 그렇죠. 하하.

근데 이상하네요. 기왕 소수를 쓰실 거면 순서대로 2번, 3번, 5번

을 쓰셔야지 왜 3번을 빼고 7번을 넣으신 걸까요?

C 그거야 당연히…

M 당연히 왜요?

C 내 맘이지! 어떤 수를 고르든 작가 마음 아니겠냐?

M 앗! 갑자기 할 말이 없어지는데요? 너무 맞는 말씀이라.

그런데 아무리 생각해도 뭔가 이유가 있을 거 같긴 해요.

C 그래? 그렇다면 그 이유를 네가 한번 찾아봐라.

M 거봐요. 뭔가 이유가 있다는 말씀이시잖아요.

C 있다고 해도 지금은 안 가르쳐줄 거다.

여기서 답을 말하면 재미가 없거든.

M 아하! 수수께끼가 시작되었네요.

그럼 숫자에 촉각을 세우고 계속 보도록 하겠습니다.

C 그러렴. 그럼 8장은 넘어가도 되겠니?

M 잠깐만요! 하나 더 있어요.

앨리스가 나타나자 세 사람은 모두 앨리스에게 문제를 해결해달라고 부탁했다. 그들은 자신들의 주장을 반복했는데, 모두가 한꺼번에 말을 하는 바람에 무슨 말을 하는 것인지 앨리스는 정확히 알아들을 수가 없었다.

사형 집행인은 **몸뚱이가 없기 때문에 머리를 자를 수 없다**고 주장했다. 이런 일은 **한 번도 해본 적이 없으며, 자신이 살아 있는 동안에는 하지 않을 것**이라고 말했다.

왕은 **누구라도 머리가 있으면 목을 자를 수 있는데** 왜 말도 안 되는 소리를 하냐고 주장했다.

여왕은 지금 당장 어떤 일이든 하지 않으면 여기 있는 사람들의 목을 모두 자르겠다고 소리쳤다. (사람들의 표정이 그토록 엄숙하고 불안했던 것은 여왕의 그 마지막 말 때문이었다.)

앨리스는 "이 고양이는 공작부인 거예요. 그러니까 공작부인에게 물어보는 것이 좋겠어요"라는 말밖에 할 수가 없었다.

C 무슨 느낌이 왔다는 거지?

M 체셔 고양이의 목을 벨 수 있냐 없냐를 두고 두 사람이 서로 다른 주장을 하잖아요. 사형 집행인은 '몸뚱이가 없으면 머리를 자를 수 없다'라고 하고, 왕은 '머리가 있으면 목을 자를 수 있다'라고 하구요.

C 그렇지. 그런데?

M 이 말을 보니까 어제 체셔 고양이가 했던 말이 떠오르더라구요. '웃음 없는 고양이'와 '고양이 없는 웃음' 말이에요.

C 거기서도 여기서도 똑같이 체셔 고양이가 등장하는구나.

M 선생님이 '고양이 없는 웃음'을 말씀하시면서 점점 추상화되는 수학이 불편하다고 하셨잖아요. 그런데 듣다 보니 여기서도 그 말씀을 하고 계신 거 같았어요. 고양이의 몸뚱이가 구체적인 대상이나 실체라면 고양이의 머리는 추상화된 수학 자체를 말하는 거 같거든요.

C 그렇다면 나는 누구 편이겠냐? 사형 집행인? 아니면 왕?

M 아… 그건… 잠시만요.
   (혼자 중얼대다가) 왠지 왕은 아닐 거 같아요.

C 왜 그렇지?

M 선생님이 힘과 권력을 가진 존재로 자신을 표현하진 않을 거 같거든요.

C 내용을 보고 판단할 줄 알았더니 내 성향을 보고 추측하는구나.

M 맞았죠?

C 기왕이면 정정당당하게 내용을 근거로 해서 맞히는 게 어떻겠냐?

M 알겠어요.

(잠시 생각하더니) 선생님은 수학도 실체가 있어야 인정할 수 있다고 주장하시잖아요. 그러니까 '몸뚱이가 있어야 한다'고 주장하는 사형 집행인이 선생님 편이겠죠.

C 사형 집행인의 말을 보면 뭔가 결의가 느껴지지 않니?

M 맞아요. '이런 일은 한 번도 해본 적이 없으며, 자신이 살아 있는 동안에는 하지 않을 것'이라는 말을 선생님의 생각으로도 바꿀 수 있을 거 같아요.

C 내 말로? 어떻게?

M '이런 수학은 한 번도 본 적이 없고, 내가 살아 있는 동안에는 절대 인정하지 않을 것이다'라구요.

C (박장대소를 하며) 아하하~ 너에게 속마음을 딱 들킨 거 같구나. 이제 내가 9장부터 10장까지를 쭉 읽어보마.

9장. 가짜 거북의 이야기

"너를 다시 만나서 얼마나 기쁜지 모르겠구나, 내 오랜 친구야!" 공작부인은 이렇게 말하며 다정하게 앨리스와 팔짱을 꼈고, 함께 자리를 떠났다.

앨리스는 유쾌한 모습의 공작부인을 만나게 되어 매우 기뻤고, 부엌에서 만났을 때 그녀가 그렇게 야만적이었던 것은 아마 후추 때문이었을 것이라고 속으로 생각했다. "내가 만약 공작부인이었다면 부엌에는 절대…"

두 손으로 턱을 괴고 앉아 선생님의 낭독을 듣고 있던 마르코는 〈해리 포터〉에서 보았던 그리폰의 등장에 잠시 귀가 쫑긋해진다. 그러나 가짜 거북이와의 대화도, 바닷가재의 춤도, 계속해서 불러대는 노래도 그다지 흥미롭지 않다. 9장과 10장에서는 도대체 어느 부분이 재미있는 건지, 어느 부분이 진지한 건지 구분이 되지 않는다.

아이들을 위한 장난스러운 말놀이

M 솔직히 말해서 9장과 10장은 이해가 잘 안 돼요.

C 흠… 재미없다는 말로 들리는구나. 그런데 그건 당연한 거란다. 특히 이번 내용이 그렇지. 네가 이해하기 어려운 시대적, 언어적, 문화적 농담들이 가득하거든.

M 어떤 것들이 그런데요?

C 9장을 보면 공작부인이 계속해서 교훈을 찾아내고 있지? 단어를 다른 뜻으로 해석해가면서 말이야.

M 네. 모든 것에 교훈이 있다면서 계속 말도 안 되는 이상한 교훈을 만들어내고 있었어요. '내 것(mine)이 많아지면 다른 사람의 것은 줄어든다'가 광산(mine)의 교훈이라나 뭐라나.

C 'mine'이라는 단어에는 '내 것'이라는 뜻 말고도 '광산'이라는 의미가 있거든. 그 두 가지 의미를 뒤섞어서 만든 게 바로 저런 교훈인 거야.

M 공작부인의 교훈이 엉뚱하게 느껴졌던 이유가 바로 그거군요.

하나의 단어가 갖는 전혀 다른 두 가지 뜻을 여기저기에 적용해서 연결시켰으니까요.

C   가짜 거북이와 나눈 수업에 대한 이야기도 황당했을걸?

M   맞아요. 생전 처음 듣는 과목 이름들이 엄청 많이 나왔어요. 국어 시간에는 읽기(reading)가 아니라 실감기(reeling)를 배우고, 쓰기(writing) 대신 몸부림(writhing)을 배운대요. 또, 수학에서는 덧셈(addition), 뺄셈(subtraction), 곱셈(multiplication), 나눗셈(division)이 아니라 야망(ambition), 산만함(distraction), 추함(uglification), 비웃음(derision)을 배운다고 하구요.
도대체 저 괴상한 이름의 과목들은 어떻게 생겨난 거죠?

C   원래의 과목과 비슷한 소리를 내는 단어들을 골라 만든 새로운 과목들이지.

M   아~ 단어의 발음을 가지고 장난을 치신 거군요. 소리를 조금 바꿨을 뿐인데 '곱셈'이 '추함'이 되고, '나눗셈'이 '비웃음'이 되었어요. 이런 식이라면 더 우스꽝스러운 대화들도 만들 수 있겠는데요?

C   얼마든지 가능하지.

M   그런데 사실 10장의 내용은 여전히 이해가 되지 않아요. 무슨 말을 주고받는 건지도 잘 모르겠구요. 도대체 시는 왜 계속해서 외우는 걸까요?

C   들으면서 무척 지루했겠구나. 그런데 그거 아니?
네가 어렵다고 말한 그 시와 노래들이 내가 살던 시대의 아이들에게는 무척 익숙한 것들이었어. 들려주면 다들 낄낄거리며 좋아했으니까.

M 정말요?

혹시 시나 노래에 뭔가 또 비꼬는 내용을 넣으신 거예요?

C 그럼. 예를 들어, 공작부인의 말도 안 되는 교훈은 당시 아이들이 읽던 책을 비꼰 거였단다. 빅토리아 시대에 아이들이 읽었던 책에는 그림이나 대화가 없었거든. 엄격하고 경건하고 도덕적인 교훈과 규칙들로만 가득 채워져 있었으니까.

M 기억나요! 맨 처음 장면에서도 앨리스가 언니의 책을 흘끔 쳐다보잖아요. 그때, 그 책엔 그림도 대화도 없다고 그랬어요. 그래서 토끼를 따라갔구요.

C 만약 책 읽기가 재미있었다면 토끼를 따라가진 않았겠지?

M 당연하죠. 제가 앨리스라도 토끼를 따라갔을 거예요.

교훈으로 가득한 책을 좋아할 아이는 세상에 없으니까요.

C 비꼬는 내용은 또 있어. 가짜 거북과의 대화를 찬찬히 읽어보면 당시 아이들이 기계적인 암기식 수업을 얼마만큼 많이 받고 있었는지를 알 수 있을 거다.

M 하긴 10장뿐만 아니라 다른 장에도 시가 엄청 많이 나오잖아요. 그런데 그 많은 시들을 앨리스는 다 외우고 있었어요.

도대체 얼마나 여러 번 반복했길래 그걸 다 외웠을까요?

C 그냥 외우기만 한 게 아니야. 누군가 시를 외워보라고 말했을 때 앨리스가 보였던 반응을 살펴봐라.

M 음… 한 번도 싫다고 한 적이 없었던 거 같아요.

매번 최선을 다해 시를 외웠거든요.

C 앨리스의 자세도 봐야 해. 시를 외울 때마다 두 손을 모으고 정신을 집중하거든. 마치 학교에서 선생님들이 시켰을 때처럼 말이야.

M 혼날까봐 잔뜩 긴장한 모습 같아요. 싫은데도 티를 안 내려고 애쓰는 것도 같구요. 뭔가 짠하고 안쓰러운데요?

C 그렇지. 아이들은 학교에서 복종과 순응, 종교적 · 도덕적 원칙을 끊임없이 주입받았어. 그런 식으로 새로운 세대를 만들어야 한다는 게 어른들의 생각이었으니까. 당시에는 그것이 사회적 통념이고 학교의 역할이었지.

M 빅토리아 시대의 학교는 무섭고 엄격한 곳이었군요. 즐거움과는 거리가 먼.

C 지금 네가 다니는 학교와는 많이 다르지?

M 네. 갑자기 감사한 마음이 드네요. 자유롭고 즐거운 분위기인 것도, 다양한 과목의 수업을 들을 수 있는 것도요. 어떤 책이든 시대와 문화를 알고 읽는 게 참 중요하다는 생각이 드네요.

C 만약 네가 동음이의어를 이용한 농담까지 이해한다면 9장과 10장이 꽤 재미있다고 생각될 거다.

M 안타깝지만 저 같은 비영어권 독자들은 동음이의어까지 이해하며 읽기가 정말 어려워요. 그래도 당시 빅토리아 시대의 아이들은 이 책의 존재만으로 엄청 행복했을 거 같아요. 교훈이 없는 책, 아니 교훈을 비꼬는 책을 태어나서 처음 갖게 된 거잖아요. 이 책을 읽은 아이들은 다른 책에서는 느끼지 못했던 해방감이나 통쾌함을 분명 느꼈을 거예요.

C 게다가 주인공인 앨리스를 봐라. 복종과 순응에 길들여진 아이

가 아니잖니. 호기심을 따라 이리저리 돌아다니고 문제에 부딪히면서 용감하고 씩씩하게 해법을 찾아가니까. 어떤 상황에서든 자기 생각을 분명하게 말할 줄도 알고 말이야. 나는 아이들이 앨리스를 보면서 더 지혜롭고 용감해지기를 바랐단다. 나를 찾아 여기까지 온 너처럼 말이야.

M 결국 선생님이 아이들한테 하고 싶었던 말이 그거군요.
'호기심과 상상력을 가지고 네 세상으로 떠나라!', '어떤 문제든 너는 그걸 해결할 수 있는 아이다!'라구요.

매일매일 줄어드는 수업

C 자~ 이제 9장과 10장은 넘어가도 되겠니?
M 아! 아니요. 같이 보고 싶은 대목이 하나 더 있었어요. 읽어볼게요.

"수업은 하루에 몇 시간이나 들었어?" 화제를 바꾸려고 앨리스가 급하게 물었다.

"첫날은 10시간이었어. 다음 날은 9시간, 이런 식이었지." 가짜 거북이 말했다.

"이상한 시간표네." 앨리스가 말했다.

"그러니까 그런 걸 수업(lesson)이라고 부르는 거지. 매일 줄어드니까 (lessen) 말이야." 그리폰이 말했다.

그런 생각을 한 번도 해본 적이 없는
앨리스는 잠시 생각을 한 다음 말했다.

"그럼 열한 번째 날은 휴일이겠네?"

"당연하지." 가짜 거북이 말했다.

**"그런 식이라면 열두 번째 날은 수업
을 어떻게 해?"** 앨리스는 계속해서 진지
하게 물었다.

**"수업에 대한 얘기는 이 정도로 충분
해."** 그리폰이 매우 단호하게 말을 잘랐다.

M 이제 알겠네요. '줄어드니까(lessen) 수업(lesson)이다' 같은 문장요.
   이런 게 발음은 같은데 의미가 다른 동음이의어 말장난이죠?

C 그렇지.

M 첫날은 10시간, 다음 날은 9시간처럼 매일 한 시간씩 줄다가 열
   한 번째 날은 휴일이 된다는 것까지는 이해가 돼요.
   그런데 왜 열두 번째 날 수업에서 얘기가 멈춰요?

C 기억을 떠올려보렴. 어디선가 저런 상황을 본 적이 있을 거다.

M (골똘히 생각하다가) 여러 번 있었던 거 같아요.
   1장에서 앨리스가 양초처럼 녹아 없어지면 어쩌나 걱정할 때,
   '그런 모습을 본 적이 없어서 생각할 수가 없다'라며 이야기가
   끝났어요. 또, 미친 다과회에서도 앨리스가 모자 장수에게 '탁자
   위를 한 바퀴 다 돌고 나서 처음 시작한 자리로 돌아오면 그땐

어떡하냐'라고 했을 때, 3월 토끼가 대화에 끼어들면서 '화제를 바꾸자!'라고 했구요.

결국 어떤 주제를 두고 대화를 하다가 대답하기 어려운 상황이 되면 답을 피해버리네요.

C 그럼 이번에는 어떤 주제였을 거 같으냐?

M 10에서부터 시작해서 1씩 줄어들다가 0이 되는 것까지는 서로 합의를 봤죠. 그러다가 0에서 또 1을 빼면 어떻게 되는지를 앨리스가 물었구요. 그랬더니 대화가 끊어졌어요. 그럼 설마 음수에 대한 논의를 피하고 싶었던 건가요?

C 너는 음수를 알고 있겠지?

M 당연하죠. 중학교에 들어가서 제일 먼저 배우는 수인걸요.

C 너에게는 음수가 당연한 존재겠지만 1800년대까지만 해도 그렇지 않았어.

M 네? 음수가요? 설마…

C 그렇다니까.

M 아니, 허수나 사원수는 그럴 수 있다고 생각해요. 저도 잘 모르는 수니까요.

그런데 음수가 당연하지 않았다는 건 좀 이해하기 어려운데요?

C 생각해봐라. 음수는 0보다 더 작은 수지 않니.

그 말은 '아무것도 없는 것에서 뭔가를 더 뺀다'는 뜻이고.

M 그렇죠.

C 그럼 대답해봐라.

아무것도 없는 상태에서 어떻게 '더' 뺄 수 있을까?

M 아… 음… 글쎄요. 그렇게 물으시니까 좀 난감하긴 하네요. '2-3'과 같이 식으로 문제를 주면 음수로 답할 수 있는데, 눈앞의 사물을 모두 없앤 다음 '어떻게 더 뺄 수 있냐?'를 물으면 대답하기가 좀 곤란한 거 같아요.

C 그래서 내가 미친 다과회에 이런 말을 넣었던 거야.

"차를 더 마시지 그래." 3월 토끼가 앨리스에게 진지하게 말했다.

"나는 아직 아무것도 마시지 않았어요." 앨리스가 화가 난 말투로 계속 대답했다. "그러니까 저는 더 마실 수가 없는 거예요."

"네 말은 덜 마실 수 없다는 거겠지." 모자 장수가 말했다. "아무것도 안 마시는 것보다 더 마시는 건 아주 쉽거든."

M 모자 장수가 했던 말이 바로 그거군요. 현재 앨리스는 아무것도 안 마신 '0'의 상태니까 거기에서 차를 덜(-) 마실 수는 없다. 그렇지만 더(+) 마시는 건 쉽다.

C (무릎을 치며) 바로 그런 거야.

M 구석구석에 저런 의미와 논쟁거리들을 참 잘도 숨겨놓으셨네요.

C 하여간 우리 시대에 음수는 허수만큼이나 골칫거리였어. 물론 음수를 받아들이자는 의견도 있었지. 그 수가 꽤나 쓸모 있어 보였거든. 그러니 어떻게든 쓸 수 있게 만들어보자고 생각하는 수학자들도 있었던 거야.

M 의견이 서로 팽팽하게 대립했겠네요.

C 결국에는 조지 피콕이라는 수학자가 음수를 전혀 다른 관점에서 다뤄보자고 제안을 했어. 눈앞에 보이는 '양'으로 접근하기보다는 추상적이고 상징적인 기호로만 다루자고 말이야.

M 저도 학교에서 그런 식으로 배운 거 같아요. 자연수는 눈앞에 있는 사물을 보면서 '하나, 둘, 셋, 넷' 하고 세면서 배웠거든요. 그런데 음수는 영상과 영하, 해발과 해저와 같이 어떤 기준점을 두고 구분하는 식으로 배웠어요.

C 그렇구나. 암튼 간에 피콕의 주장 이후에 대수학자들은 무의미한 기호들을 자유롭게 다룰 수 있게 되었다며 좋아하기도 했어.

M 선생님은 여전히 마음에 안 드시는 거 같은데요?

C 내 마음에 들고 안 들고가 뭐 그리 중요하겠니. 어차피 수학도 역사처럼 큰 물줄기를 따라 흘러갈 텐데. 지금처럼 너희들이 큰 혼란 없이 배울 수 있다면 잘된 거 아니겠니?

M 정말 그렇게 생각하세요?

C 그럼. 그렇지만 수학이 규칙과 형태만을 중시하면서 의미를 잃어가는 것은 계속 경계하고 고민해야 하지 않을까?

M 저도 제가 배우는 수학 개념에 어떤 구체적인 의미가 담겨 있다면 더 좋을 거 같긴 해요. 추상적이기만 한 수학은 너무 어렵고 재미없거든요.

C 의미 얘기가 나왔으니 말인데, 12장으로 넘어가기 전에 질문을 하나 해보자.

M 어떤 질문요?

C 그리폰이 말한 매일 한 시간씩 줄어드는 수업 말이다.

만약 열한 번째 날이 휴일이었다면 그다음 날부터는 수업을 어떻게 해야 할 거 같니?

M 아~ 앨리스가 했던 질문이네요. 저도 답은 생각해보지 않았는데… 규칙대로라면 0 다음에 -1이 와야 하잖아요. 그럼 음수의 의미를 살려서 입장을 바꿔보는 건 어떨까요?

C 입장을 바꾼다고?

M 네. 선생님이 가르치고 학생이 배우는 게 아니라 학생이 가르치고 선생님이 배우는 거죠. 어때요?

C 아주 괜찮은 아이디어구나!

음수의 의미가 한껏 살아나는 것 같은데?

이제『이상한 나라의 앨리스』마지막 두 장을 네가 읽어볼까?

10실링 6펜스

11장. 누가 파이를 훔쳤을까?

앨리스와 그리폰이 도착했을 때 하트의 왕과 여왕은 왕좌에 앉아 있었고, 그들 주위로 한 벌의 카드를 비롯해 온갖 종류의 작은 새와 짐승들이 무리 지어 몰려들었다. 그들 앞에는 잭이 사슬에 묶인 채 서 있었고, 양옆에는 잭을 감시하기 위해 병사가 지키고 있었다. 그리고 왕 옆에는 흰 토끼가 한 손에 트럼펫을, 다른 한 손에는 양피지 두루마리를 들고 서 있었다. 재판의 한 가운데에는 파이가 담긴 큰 접시가 놓인 테이블이 있었다. 앨리스는…

여왕의 파이를 훔쳤다는 죄명으로 재판을 받고 있는 잭, 증인으로 출석해 두려움에 벌벌 떨면서도 차 마시기를 멈추지 않는 모자 장수, 그리고 점점 몸집이 커지고 있는 앨리스를 상상하며 마르코는 정말이지 정신이 하나도 없는 재판 장면이라고 생각한다.

C 이젠 좀 익숙해지지 않니?

우스꽝스러운 상황과 맥락 없는 대화가 말이다.

M 하하~ 이젠 그냥 웃으며 즐기게 되네요.

증인을 심문하는 과정에서도 제대로 된 질문이 하나도 없잖아요.

C 그렇지. 혹시 여기서는 궁금한 거 없니?

M 음… 하나만 여쭤볼게요. 모자 장수 그림을 보면 10/6이라는 숫자가 있잖아요. 이게 무슨 의미예요?

C 의미라기보다 그냥 가격표야.

'이런 스타일의 가격은 10/6'이란 말이거든.

M 아하! 모자 장수가 자신이 판매하는 모자를 쓰고 다니면서 홍보하는 거였군요. 그럼 10/6이란 가격은 얼마인 거예요?

C 10실링 6펜스지. 실링(shilling)이나 펜스(pence)는 옛날에 쓰이던 화폐단위란다. 궁금하면 알려주랴?

M 네.

C (종이를 꺼내 쓰며) 1실링＝12펜스, 1파운드＝20실링, 반 파운드 금화＝10실링, 크라운＝5실링, 하프 크라운＝2실링 6펜스, 플로린＝2실링, 더블 플로린＝4실링. 이랬었어.

M 아우~ 복잡하네요. 10실링 6펜스면 대략 어느 정도의 가치가 있던 거예요?

C 화폐단위도 다르고 물가도 완전히 달라졌으니 지금이랑 비교하는 건 좀 어려울 거 같구나. 대신 당시 내가 받았던 임금을

말해주면 어떨까?

M 옥스퍼드 교수님의 월급을 공개하시는 건가요?

C 이미 오래전 얘기이지만, 1860년도 즈음 내가 받았던 연봉은 약 40파운드였어.

M 월급이 아니라 연봉이라구요?

   1년에 40파운드면 너무 적은 거 아닌가요?

C 많이 적지. 그 연봉이 무려 300년 전에 받았던 금액하고 같은 액수였거든. 그래서 교수들이 연봉 인상을 위해 함께 싸우기도 했었어.

M 학문과 교육에 전념해야 할 교수님들이 임금 인상을 위해 싸우시다니…

C 앨리스 이야기로 돈을 벌기 전까지는 나도 부족한 생활비를 보충하기 위해 약간의 아르바이트를 하곤 했단다. 도서관에서 부관장으로 일하기도 하고, 유명한 인물들을 사진으로 찍어주기도 했었지.

M 사진을 찍으셨어요?

C 돈이 아주 많이 드는, 나의 취미 생활이었어. 그 얘기는 나중에 더 하도록 하고 어서 앨리스 이야기를 마무리 짓자. 마지막 12장을 읽어볼까.

12장. 앨리스의 증언

"저 여기 있는데요!" 지난 몇 분 동안 자신이 얼마나 커졌는지도 잊은 채 앨리스는 순간적으로 벌떡 일어나며 소리쳤다. 그 바람에 배심원석에 있던 배심원들이 그녀의 치마 끝자락에 뒤집어졌고, 그 아래 있던 군중의 머리 위로 뒹굴어 넘어졌다. 그 모습을 본 앨리스는 일주일 전에 실수로 엎었던 금붕어의 어항이 떠올랐다.

"어머, 죄송해요." 앨리스는 크게 당황한 목소리로 외쳤다.

마르코는 몸집이 커지면서 덩달아 자신감도 커져가는 앨리스의 당당한 외침을 힘차게 읽어낸다. 그리고 앨리스가 꾸었던 꿈을 다시 상상해보는 언니의 모습도 아련하게 표현해본다.

M (박수를 치며) 브라보~ 앨리스가 길고 험난했던 여행을 통해 부쩍 성장했군요. 몸이 원래의 크기대로 돌아오면서 두려움도 사라졌구요.

C 괜찮은 결말이지?

M 그 모든 것이 꿈이었다는 게 약간 서운하긴 하지만요.
   저는 '당신들은 카드 더미들에 불과해'라고 자신 있게 소리치는 부분이 제일 좋았어요.

C 그랬구나. 중간에 '그걸 설명할 수 있는 배심원이 있다면 그에게 6펜스를 주겠어요'라고 말한 대목도 자신감의 표현이었지.

M 어! 그래요?

C 3장에서 도도새가 '주머니에 뭐가 더 있니?'라고 앨리스에게 물었던 거 기억나니? 그때 앨리스가 '제 주머니에는 골무밖에 없어요'라고 말했었거든.

M 맞네요. 그렇다면 앨리스의 주머니에는 아무것도 없었던 거잖아요. 그런데도 '6펜스를 주겠다'라고 큰소리친 거 보면 정말 자신이 있다는 얘기네요.

C 그즈음 앨리스는 두려운 게 없었던 거지.

M 왕에게도 왕비에게도 자신의 생각을 거침없이 표현하게 된 거 같아서 아주 통쾌했어요.

C　그럼『이상한 나라의 앨리스』를 마무리하며 너에게 숫자 퀴즈에 대한 힌트를 하나 줄까?

M　앗! 그새 잊고 있었네요.

　　정원사들의 숫자가 2번, 5번, 7번인 이유를 찾아내라고 하셨죠?

C　그래. 첫 번째 힌트.

　　『이상한 나라의 앨리스』는 총 몇 개의 장으로 되어 있을까?

M　그건 너무 쉽잖아요. 방금 제가 마지막 12장을 읽었는걸요.

C　그럼 두 번째 힌트.

　　앨리스의 몸이 커지고 작아진 건 모두 몇 번일까?

M　앵? 그건 책을 다시 봐야 알 수 있겠는데요?

C　세 번째 힌트.

　　『이상한 나라의 앨리스』책에 그려진 삽화는 모두 몇 개일까?

M　그것도 세어봐야 할 거 같아요.

C　이제 마지막 힌트.

　바로 그때, 공책에 무언가를 열심히 적고 있던 왕이 소리쳤다. "조용히!" 그리고 왕은 그의 공책을 읽었다. "**규칙 제42항**. 키가 1600미터 이상인 사람은 모두 법정을 나가시오."

　모두가 앨리스를 쳐다보았다.

　"제가 그 정도로 크진 않아요." 앨리스가 말했다.

　"그 정도야." 왕이 말했다.

　"거의 3킬로미터는 되겠는데." 여왕이 거들었다.

"어쨌든 저는 나가지 않을 거예요. 게다가 그건 정식 법 조항도 아니잖아요. 방금 만든 거잖아요." 앨리스가 말했다.

"이건 법전에서 가장 오래된 법 조항이야." 왕이 말했다.

"그렇다면 그게 제1항이 되었어야죠." 앨리스가 말했다.

왕은 얼굴색이 하얗게 질려 급하게 노트를 덮었다.

M   이게 힌트라구요?

C   지금 읽은 부분에 있으니까 잘 찾아보란 말이다.

M   저 글에 숫자는 제42항, 1600미터, 3킬로미터, 제1항이 다인데, 왠지 너무 크거나 너무 작은 수는 아닐 거 같고…

　　　혹시 숫자 42를 말씀하시는 건가요?

C   그건 다른 힌트들을 보면 자연스럽게 알 수 있을 거다.

M   알았어요. 오늘 저녁에 찾아볼게요.

　　　그런데 읽으신 부분의 대화도 너무 재밌어요. 앨리스는 어린데도 꽤 논리적으로 따질 줄 아는 아이 같거든요. '이건 법전에서 가장 오래된 조항이다'라는 왕의 말을 듣고 '그럼 그게 제1항이 되었어야죠'라고 맞받아치는 부분 말이에요.

C 내가 너무 똑똑하게 그렸나?

M 아니요. 왕을 하얗게 질리도록 만드는 논리 정연함과 용기 있는
모습을 보면서 저도 앨리스처럼 영리해지고 싶어졌어요.

C 그렇다면 다행이구나.

M 그럼 저 선생님이 주신 숙제도 있는데 이만 마쳐도 될까요?

C 그러자.
숙제한다고 너무 앉아만 있지 말고 나가서 돌아다니기도 해라.

M 안 그래도 한 바퀴 돌고 숙제하려고 했어요.

C 그럼 운동도 할 겸 같이 나갈까?

M 저야 좋죠!

옥스퍼드 대학의 전경

마르코는 캐럴 선생님과 천천히 여유롭게 캠퍼스를 돌며 이런저런 얘기를 나눈다. 처음 만난 날에는 짐짓 거리를 두시는 거 같더니 이제는 꽤 친근하게 대해주신다. 근엄하고 성실한 모습 뒤에 감춰진 장난스럽고 천진한 모습. 알고 보면 모든 사람에겐 동전의 양면처럼 보이지 않는 이면이 있는 것 같다. 그리고 선생님이 어린아이들을 좋아하는 이유가 바로 그 내면의 모습 때문인 것 같다고 마르코는 생각한다.

거울 나라에서의
체스 놀이

TICKET

뒤적뒤적 중얼중얼 뒤적뒤적 중얼중얼.

마르코는 새벽부터 일어나 『이상한 나라의 앨리스』 책을 몇 번이나 넘겨 보고 있다. 존 테니얼의 삽화가 몇 개 들어갔는지, 앨리스 몸은 몇 번이나 커졌다 작아졌는지를 세고 또 세면서 노트에 기록하는 중이다.

'아휴~ 참. 셀 때마다 다르네. 내가 어디서 뭘 빼먹은 거지? 테니얼 삽화는 42개가 분명한데, 앨리스 몸이 커졌다 작아진 횟수는 정확히 모르겠네. 열한 번이 맞는 거야, 열두 번이 맞는 거야.'

계속해서 혼자서 중얼거리던 마르코는 다시 한번 맨 앞으로 돌아가 꼼꼼하게 글을 훑어 내려간다. 그러고는 앨리스의 몸이 커지거나 작아진 곳을 모두 표시해 그 횟수를 적어본다.

'확실한 거 같네. 다른 숫자들을 봐도 이게 맞는 거 같고. 이제 이 숫자들과 2, 5, 7의 관계만 찾아내면 되겠어.'

종이에 한참을 끄적이며 계산하던 마르코는 주섬주섬 책을 챙겨 거실로 나간다.

M 지 알아냈어요!

C 수수께끼를 푼 거냐?

M 네. 거짓말 좀 보태서 잠도 안 자고 풀었어요.

책도 몇 번이나 다시 봤는지 몰라요.

C 그래? 그럼 너의 답을 한번 들어보자.

M 일단, 선생님이 주신 힌트의 숫자들은 모두 12 아니면 42예요. 『이상한 나라의 앨리스』는 모두 12개 장이고, 몸의 크기도 총 12번 변해요.

C 그럼 42는 어디에 나오지?

M 어제 읽어주신 부분에서 왕이 제42항을 말했고, 테니얼의 삽화가 모두 42개 들어가 있었어요.

C 그렇구나. 12랑 42라… 이 두 숫자가 무슨 관계라도 있니?

M 이건 좀 넘겨짚은 건지도 모르겠지만 뒤에 이어지는 『거울 나라의 앨리스』도 12장까지 있더라구요. 게다가 맨 끝에 세 개의 장은 너무 억지스럽게 늘려놓은 것 같던데요? 일부러 12개의 장으로 맞추려구요.

C 흠… 그렇게 보였구나. 그래서?

M 앨리스 이야기가 모두 24개의 장으로 되어 있는데, 그 숫자를 뒤집으면 42가 돼요.

C (손으로 턱을 만지며) 음… 숫자를 뒤집는다. 그리고?

M 정원사 카드의 숫자였던 2, 5, 7을 모두 더하고 중간에 빠진 소수 3을 곱하면 $3 \times (2+5+7) = 3 \times 14 = 42$가 되더라구요.

C 그럴듯한 해석이구나. 그럼 이제 다른 이야기를 할까?

M (황당해하며) 네? 왜 갑자기 화제를 바꾸세요? 3월 토끼처럼요.

C 지금은 다른 얘기를 하는 게 좋을 거 같구나.

뻘쭘해진 마르코는 한동안 말없이 서서 기다린다. 도대체 왜 대답을 피하시는 건가 궁금하지만 물어볼 용기가 나지 않는다. 아니, 물어도 대답을 안 해주실 게 뻔하니 차라리 다른 이야기를 하는 게 나을 것 같다.

내가 거울 놀이를 한다면?

M 선생님, 오늘의 일정은 어떻게 되나요?

C 아침은 내 방에서 간단히 먹을 거고, 여기서 책 읽기도 할 거란다.

M 밖에 안 나가구요?

C 창밖을 봐라. 지금 비가 오잖니. 요 며칠 날씨가 이상하게 좋다 했다. 영국은 허구한 날 비가 오고 흐린데 말이야.

M 아… 어쩐지 어제랑 다르게 조금 쌀쌀하다 했어요.
　　어제 『이상한 나라의 앨리스』를 끝냈으니까 오늘부터는 『거울 나라의 앨리스』를 읽나요?

C 그렇지. 그런데 내가 잠시 다녀올 곳이 있거든. 탁자 위에 아침을 준비해뒀으니 잘 챙겨 먹고 쉬고 있거라.

M 어디를 다녀오시는데요?

C 그건 알 거 없고, 기왕이면 저기 벽에 붙어 있는 거울을 보고 노는 게 좋겠구나. 그래야 거울 나라 이야기를 조금이라도 이해할 수 있을 테니까.

M 네. 그럴게요.

마르코는 아침을 먹은 후 거울이 있는 벽으로 다가간다. 난로 위 거울 앞에서 어떻게 놀아야 하나 고민하던 중 손들기 놀이를 해본다. 그리고 앞으로 갔다가 뒤로 갔다가 하는 놀이도 해본다. 해보니 퍽 재미있다는 생각을 하고 있을 즈음 캐럴 선생님이 흠뻑 젖은 우산을 털며 들어오신다.

C 거울 놀이 중이구나. 생각보다 재밌지?

M 그러네요. 그동안은 아무 생각 없이 거울을 봤었는데 생각하면서 보니까 되게 신기한데요?

C (사과 하나를 던지며) 받아라.

M (얼결에 받으며) 어이쿠! 웬 사과예요?

C 오는 길에 누가 주더구나.
   그런데 지금 네가 사과를 들고 있는 손은 어느 손이냐?

M 오른손요.

C 그럼 저 거울 안에 보이는 사과는 어느 손에 들려 있니?

M 왼손요.

C 그걸 어떻게 설명할 수 있을까?

M 어떻게 설명하긴요. 거울은 원래 모습을 좌우로 바꿔서 비추니까 오른손이 왼손이 되는 거죠.

C 정말 그럴까? 그렇다면 거울 너머에 있는 모습을 다른 사람이라고 상상해보자. 그런 상태에서 네가 거울 속으로 들어가는 거지.

M 저와 거울에 비치는 대상을 따로 떼어서 생각하라는 말씀이시죠? 만약에 제가 지금처럼 오른손에 사과를 든 채로 거울 반대편 세상에 들어간다면 생김새는 똑같은데 좌우만 뒤바뀐 모습의

두 사람이 서 있겠네요. 오른손에 사과를 든 저와 왼손으로 사과를 든 저의 거울 이미지가요.

C 만약 그 사람에게 '당신은 좌우가 뒤바뀐 게 맞습니까?'라고 물으면 뭐라고 대답할 거 같니?

M 당연히 그렇다고 대답하겠죠. 혹시 좌우가 뒤바뀐 게 아니에요?

C 너는 거울 나라를 너무 만만하게 생각하고 있구나.
   그 얘기는 책을 읽으며 천천히 해보기로 하자.

M 시작부터 뭔가 심상치 않은데요? 『거울 나라의 앨리스』에서는 왠지 상식을 뒤집는 이야기들이 나올 거 같아요.

C 그럴 거야. 거울 나라에서는 모든 것을 뒤집을 수 있기 때문에 기발하고 재미있는 이야기를 많이 만들 수 있거든.

M 이상한 나라에서는 '규칙이 없는 게 규칙'이라고 하시더니 이제 모든 걸 뒤집으려고 하시는군요.

마르코는 거울 속에 비친 자신의 모습을 빤히 바라보면서 사과를 우적우적 씹어 먹는다. 그리고는 선생님과 함께 마실 차 물을 끓이고 찻잔을 준비한다. 그사이 젖은 옷을 새 옷으로 갈아입은 캐럴 선생님이 소파에 앉는다.

수학 교수의 반전 이면

M 선생님은 길을 걷기만 해도 누가 뭘 주고 그러나 봐요.

잘 나가는 동화작가의 인기라니. 팬이 많으신가 봐요.

C 지루한 수학 강의만 하는 사람에게 팬은 무슨.

그거 아니? 네가 아는 루이스 캐럴이라는 이름은 내 필명이란다.

M 필명요? 선생님 본명이 따로 있어요?

C 그래. 내 진짜 이름은 찰스 럿위지 도지슨이지.

루이스 캐럴이란 필명은 수학과 관계없는 글을 쓰거나 내가 누군지 드러내고 싶지 않을 때 쓰려고 만든 거야.

M 비밀스럽게 하고 싶은 얘기가 많으셨나 봐요.

아니면 굳이 필명을 만드실 이유가 없잖아요.

C 사실 그건 내 아이디어가 아니었어.

《트레인》이라는 잡지의 발행인이었던 예이츠가 제안한 거였거든.

M 왜 그런 제안을 했을까요?

C 내가 썼던 글 중에 패러디나 코믹 소설, 엉뚱한 에세이들이 좀 있었거든. 그런 종류의 글을 쓸 때는 내가 B. B.로만 서명해서 냈는데, 그걸 보더니 필명을 만드는 게 좋겠다고 하더구나.

M 루이스 캐럴이란 이름은 어떻게 지으신 거예요?

C 내가 각종 놀이를 즐겨한다고 말했었지?

M 네. 동생분들하고 온갖 종류의 놀이를 만드셨다고 했어요.

C 그중에 철자 바꾸기 놀이도 있었거든. '찰스 럿위지(Charles Lutwidge)'라는 내 이름의 철자를 뒤섞어서 또 다른 이름을 만드는 식으로 말이야.

M 잠깐만요. 찰스 럿위지(Charles Lutwidge)에 있는 철자로 루이스(Lewis)는 만들 수 있어요. 그런데 캐럴(Carroll)은 못 만드는데요?

캐럴을 만들려면 r과 o, 그리고 l이 하나씩 더 있어야 해요.

C 그냥 철자만 바꿔서는 만들 수 없을 거다. 캐럴은 찰스(Charles)의 라틴어 카롤루스(Carolus)를 줄여서 만든 거니까.

M 아… 라틴어. 그래도 저 루이스는 맞혔어요. 히히~

C 잘했다.

    사실 그 이름이 나올 때까지 다른 이름도 여러 개 만들어봤었어.

M 한 번에 성공하신 게 아니군요. 어떤 이름이 있었는데요?

C 에드거 커스웰리스(Edgar Cuthwelis), 에드거 U. C. 웨스틸(Edgar U. C. Westhill) 같은 거였지.

M 음… 나쁘진 않지만 그래도 루이스 캐럴이란 이름이 제일 낫네요. 뭔가 심플하면서 귀에도 쏙쏙 들어와요.

C 예이치 그 친구도 너랑 똑같은 말을 했었지. 그래서 나도 그 이름을 필명으로 정했고.

    이제 슬슬 거울 나라로의 여행을 떠나볼까?

M 기대도 되고 살짝 두렵기도 하네요. 그럼 제가 먼저 읽어볼까요?

마르코는 심호흡을 크게 한 후 책 읽기를 시작한다.

1장. 거울 속의 집

한 가지 확실한 건 흰 고양이가 이 일과는 아무 상관이 없다는 것이었다. 그건 전적으로 검은 고양이의 잘못이었다. 흰 고양이는 지난 15분 동안 어미 고양이가 얼굴을 핥아주고 있었기 때문에 (꽤 잘 견디고 있었다) 장난칠 새가 없었다는 게 분명했다.

다이나가 새끼들의 얼굴을 닦아주는 방법은 이러했다. 먼저 한쪽 앞발로…

마르코는 아까 했던 거울 놀이를 상상하며 앨리스의 이야기를 천천히 읽어나간다. 거울 앞에서는 보이지 않았던 사물의 이면이나 가려진 부분들이 거울 속으로 들어가면 전혀 다른 모습으로 살아 움직인다는 설정이 기발하다고 생각한다.

M 『이상한 나라의 앨리스』와는 또 다른 설정이네요.
   여름이 겨울이 되고, 땅속 나라가 거울 속 나라로 바뀌었어요.
C 다 바뀐 건 아니야. 공통점도 있거든.
M 두 책 모두 왕과 왕비가 나오는 거요?
C 그것도 그렇고 혼란스러운 상황이 계속 펼쳐진다는 것도 그렇지.

이상한 나라에서는 규칙이 없는 규칙 때문에, 또 이번에는 모든 것이 뒤집어지고 거꾸로인 상황 때문에 혼란스러울 거다.

M 모든 것이 뒤집어지고 거꾸로인 상황이라…
거울 나라에서는 어떤 것들이 바뀌는지 유심히 살펴봐야겠어요.

『거울 나라의 앨리스』와 존 테니얼의 서명

M 『거울 나라의 앨리스』는 어떻게 쓰시게 되셨나요?

C 『이상한 나라의 앨리스』가 흥행에 성공하고 나서 많은 사람들이 그런 재미있는 책을 또 써달라고 하더구나. 그래서 『이상한 나라의 앨리스』가 출판된 후에 『거울 나라의 앨리스』를 쓰기 시작했지.

M 팬들의 요청으로 쓰신 거군요.

C 그래, 1장을 읽어본 소감이 어떠니? 재미있었니?

M 네. 설정이 신선했어요. 흐물흐물해진 거울 속으로 앨리스가 들어가는 것도 그렇고, 거울 속 세상에서는 거울 반대편 세상에서 보이지 않던 부분들이 전혀 다른 모습일 수 있다는 상상이 꽤 흥미로웠어요.

C 그래?

M 거울 속 세상에서는 그림이 모두 살아 움직이잖아요. 시계에는 노인의 얼굴이 있고 꽃병도 활짝 웃고 있구요. 그런 모습을 보려면 거울을 통과해서 반대편에 서 있어야 한다는 그 상상력이 참 대단한 거 같아요.

C   사실 내 글에는 시계에 그려진 노인의 얼굴이나 꽃병의 웃는 모습에 대한 설명이 없거든. 그런데 테니얼 그 친구가 나랑 오래 작업을 하더니 글에 없는 내용까지도 알아서 척척 그리더구나. 그림 한 귀퉁이에 있는 그 친구 사인도 한번 보겠니?

M   사인이 왜요?

M   (유심히 보다가) 어! 뒤집어져 있네요. 지금까지의 삽화들을 보면 모두 왼쪽처럼 사인이 되어 있었거든요. 존 테니얼의 이니셜인 J와 T가 뒤집어진 형태로요. 그런데 거울을 통과한 후의 그림에는 반대로 되어 있어요. J와 T를 바로 쓴 것처럼요.

C   두 이니셜도 거울에 비춘 것처럼 서로 대칭으로 그려 넣은 거지. 실제로 내 책을 보면 두 이니셜이 종이 앞뒤 면에 정확히 포개지도록 삽화를 넣었단다.

M 엇! 그렇다면 앨리스는 거울을 통과하듯이 종이를 통과한 셈이
네요. 정말 멋진 아이디어인데요?

C 이 그림을 볼 때마다 테니얼과 다시 작업하길 참 잘했다는 생각
이 들더구나. 사실 당시에는 책에 삽화를 넣는 과정이 너무나 복
잡했어. 하지만 삽화에 따라 책의 질이 달라지니까 포기할 수 없
었지.

M 얼마나 복잡했는데요?

C 일단 책에 넣을 삽화를 그린 다음 그걸 목판에 새겨야 해. 그런
다음 잉크를 바르고 일일이 종이에 찍어내지. 글씨를 인쇄하는
일은 그 후에나 가능하단다.

M 목판에 새긴다구요? 그래서 그랬군요.

C 뭐가 말이냐?

M 테니얼의 사인이 좌우가 뒤집어진 형태였던 이유 말이죠.
삽화를 볼 때마다 왜 이름을 뒤집어서 썼을까 내내 궁금했는데,
이제야 비밀이 밝혀졌네요.
그리고 당시 아이들 책에 그림이 없었던 이유도 알 것 같아요.
삽화를 넣는 과정이 복잡하고 돈도 많이 드니까 그림 없이 글만
잔뜩 넣어 만든 거죠.

C 목판이 닳으면 다시 만들어야 하는데 그 비용도 만만치 않았어.
또, 책에 삽화를 넣으면 잉크가 맞은편 종이에 묻어날 수 있기 때
문에 그림이 있는 페이지마다 반투명 종이를 덧대야 하지.

M 와~ 삽화를 넣는 게 정말 보통 일이 아니었군요.

C 그런데 그렇게 애써서 『이상한 나라의 앨리스』를 찍었는데 초판

을 모두 거둬들여야 했단다. 잉크 문제 때문에 테니얼의 삽화들이 망쳐졌거든.

M 아이고… 이를 어째요. 손해가 막심했겠는데요?

C 출판사 입장에서는 걱정이 많았지. 하지만 나는 모든 비용을 내가 감당할 테니 다시 찍자고 했단다.

M 엄청난 모험을 하셨네요. 그런데 그게 대박을 터트린 거 아니에요?

C 다시 찍어내기가 무섭게 팔려나갔으니까. 그 당시 아이들이 받고 싶은 최고의 크리스마스 선물이 뭐였는지 아니?

M 선생님 책이었겠죠?

C 어떤 잡지에선 내 책을 두고 '우울함을 몰아내는 해독제'라는 표현을 썼더구나. 작가로서 그보다 기쁜 일이 없었어.

거울 나라에서 책 읽는 법

탁자 위에는 앨리스 가까이에 책이 한 권 놓여 있었다. 앨리스는 (아직도 조금 걱정이 되어 그가 다시 기절하면 잉크를 끼얹을 준비를 하고) 하얀 왕을 쳐다보는 한편, 자신이 읽을 수 있는 부분이 있는지 찾으려고 책장을 넘겨 보았다. "이건 내가 모르는 말로 되어 있네." 앨리스는 혼자 중얼거렸다.

책에는 이렇게 쓰여 있었다.

앨리스는 한동안 어리둥절했지만, 마침내 반짝하고 생각이 떠올랐다. '그래, 이건 거울 책이잖아! 그러니까 책을 거울에 비춰보면 글자들이 제대로 보일 거야.'

앨리스가 읽은 것은 한 편의 시였다.

재버워키

M 앨리스가 책을 읽네요.

그런데 왜 글씨를 거울에 비춰야만 제대로 보이는 거죠?

C 거울 나라니까 그렇지. 그게 왜 이상하지?

M 거울 밖에서 거울 속 책을 보면 당연히 그렇게 봐야겠죠.

그런데 지금은 앨리스도 거울 속에 들어가 있잖아요.

그럼 그 세계 안에서는 바르게 보여야 하는 거 아닐까요?

C 자~ 이제부터 시작되는구나. 거울 나라 여행이.

정신을 바짝 차리고 다녀야 할 거야.

M 네? 무슨 말씀이세요?

C 아까 거울을 통과하던 앨리스 삽화를 다시 한번 보거라.

두 그림은 거의 정확히 대칭처럼 보일 거야. 딱 하나만 빼고.

M 딱 하나만 빼고요? 대칭이 아닌 게 있다면 그건 앨리스겠죠.

거울을 통과하는 순간 앨리스의 앞모습과 뒷모습을 각각 그려 넣었잖아요. 그러니까 앨리스의 모습은 다를 수밖에 없죠.

C 그냥 다른 게 문제가 아니야. 들고 있는 팔의 위치를 잘 봐라.

M 통과하기 전과 통과한 후 계속 오른팔을 들고 있는데요?
   그게 왜요?

C 아까 너 혼자 거울 놀이 할 때를 생각해봐라. 네가 오른손으로 사
   과를 들고 있을 때 거울 속 사람은 왼손으로 들고 있다고 했지?

M 그랬죠. 제가 그 모습 그대로 거울 안으로 들어가면 왼손으로 사
   과를 들고 있는 사람과 대칭이 될 거라고도 했어요.

C 그렇다면 다시 앨리스의 팔을 보며 생각해보자.
   계속 오른팔을 들고 있는 앨리스는 거울 속 세계 사람일까? 아
   니면 거울 바깥 세계 사람일까?

M 그야 당연히 거울 바깥 세계 사람이죠.

C 왜?

M 오른손을 들고 들어갔는데 거울 속 세계에서도 여전히 오른손을
   들고 있으니까요. 오른손에 사과를 들고 거울 속으로 들어갔던
   제 모습처럼요.

C 그렇다면 거울 바깥 세상 사람이 거울 속 세상으로 들어갔을 때
   어떤 일이 벌어질 것 같니?

M 그걸 어떻게 상상하죠?

C 아까 네가 읽었던 부분을 다시 봐라. 거울 속 세계로 들어간 앨리
   스는 책을 읽을 때도 거울에 비춰야 제대로 보인다고 했잖니. 그
   말은 앨리스가 거울 속 세계로 들어가긴 했지만 여전히 거울 바
   깥 세상에서처럼 보인다는 거겠지?

M 거울 속 세계의 법칙을 혼자만 모르는 상황이 된 거네요. 그거참

난감하겠는데요? 엉뚱한 행동을 혼자서만 할 때도 있겠어요.

C 앨리스는 다른 사람들의 말과 행동을 이해하지 못하겠지.

두 세계에는 엄연히 서로 다른 법칙이 존재하니까.

M 겨우 거울 하나를 통과했을 뿐인데 규칙이 완전히 달라져버렸군요.

C 그렇기 때문에 자신이 살던 세상을 벗어나 다른 나라를 여행한

다는 건 엄청난 용기가 필요한 일이야.

M 만약에… 만약에 말이에요. 오른손을 들고 들어갔는데 거울을

통과하는 순간 왼손을 들고 있었다면 어땠을까요?

C 앨리스는 거울 속 세계의 사람이 되었겠지. 그 말은 거울 속 세계

의 규칙을 완벽하게 이해할 수 있게 되었다는 얘기고.

M 그랬다면 좋았겠네요.

거울 속 세계에서 혼자 헤매지 않아도 되잖아요.

C 너는 하나만 알고 둘은 모르는구나.

M 제가 뭘 모르죠?

C 만약 앨리스가 완전히 거울 속 세계 사람이 되었다고 치자.

그러면 원래 자기가 속한 세계로는 어떻게 돌아오지?

M 다시 거울을 통과하면 되잖아요.

C 그게 안 되면?

M 그럼 그냥 거기서 살아야 하나요? 안 되는데. 가족도 친구도 모

두 거울 바깥 세상에 있으니까 돌아오긴 해야 하는데…

C 그리고 하나 더. 앨리스가 거울을 통과하자마자 그 세계의 규칙

을 완벽하게 이해한다면 도대체 어떤 모험이 가능하지?

모든 걸 다 알고 예측할 수 있는데 말이다.

M 그것도 그러네요. 모험이라는 건 낯선 환경, 낯선 규칙 사이에서 갈등하고 부딪히며 생기는 거잖아요.

C 앨리스가 하는 모험이 내 책의 주요 내용인데 그게 없어지면 내 책도 사라지는 거 아니겠니?

M 아하! 그렇군요. 그러니까 거울 속 세계로 들어가는 앨리스는 반드시 거울 바깥 세계의 사람이어야만 하겠네요.

C 앨리스에게는 미안하지만 거울 나라에서는 혼자만 그 세계의 법칙을 모른 채 돌아다녀야 할 것 같다.

M 뭐~ 걱정하지 않으셔도 될 거 같아요. 이상한 나라를 여행했을 때처럼 이번에도 잘 해내지 않을까요? 앨리스는 씩씩하고 지혜로운 아이니까요.

C 그럴 거 같지? 이제 2장을 보자.

M 네. 선생님 차례예요.

붉은 여왕과의 황당한 달리기

2장. 말하는 꽃들의 정원

"저 언덕 위로 올라가면 정원이 훨씬 잘 보일 거야." 앨리스가 혼자서 중얼거렸다. "여기 이 길이 언덕으로 곧장 가는 길인가 봐. 어, 그런데 그렇게 되질 않네." (길을 따라 몇 미터쯤 간 다음, 급하게 꺾이는 모퉁이를 여러 번 돈 후였다.)

"하지만 결국은 갈 수 있을 거야. 그런데 이 길은 정말 이상하게 꼬여 있는걸! 이건 길이라기보다 코르크 따개같이 생겼어! 좋아, 이번 모퉁이를 돌면…"

마르코는 캐럴 선생님의 말씀대로 정신을 바짝 차리며 들으려고 노력 중이다. 가도 가도 닿을 수 없는 언덕과 가까이 가면 멀어지는 길, 숨을 쉴 수 없을 만큼 빠르게 달려도 제자리일 뿐인 붉은 여왕과의 달리기. 정말이지 정신이 하나도 없다.

M 점점 어려워지네요. 도대체 이 거울 나라에는 어떤 법칙이 있는 거예요? 가까이 가면 멀어지고, 거꾸로 가면 닿을 수 있다니…

C 먼저 아까 네가 말한 거울의 성질에 대해 다시 얘기해보자. 거울에서는 좌우가 바뀐다고 했었지?

M 오른손이 왼손이 되니까요.

C 정말 좌우가 바뀌는 걸까? 네가 오른손을 들고 거울을 볼 때 거울에 비추는 손의 위치를 보면 오른쪽 아니니?

M 거울 속에서는 왼손이지만 제가 바라보는 쪽에서는 오른쪽에 있죠.

C 지금 한 말처럼 거울 밖에 서 있는 사람의 관점으로만 본다면 거울에 비춘 모습은 좌우가 바뀌지 않은 거야. 오른손을 들었을 때 오른쪽 손이 올라갔으니까.

M 그렇겠네요. 거울에서 좌우가 바뀌는 게 아니라면 도대체 뭐가 바뀌는 거죠?

C 너 혹시 거울을 보면서 앞으로 갔다 뒤로 갔다는 안 해봤니?

M 아! 해봤어요. 제가 거울 앞으로 가면 거울 속 사람도 거울 앞으로 왔어요. 그럴 때 저와 거울 속 사람의 거리는 가까워졌죠.

C 뒤로 가면?

M 제가 뒤로 가면 거울 속 사람도 뒤로 갔어요.
당연히 거리는 멀어졌구요.

C 네가 앞으로 갈 때 거울 속 사람은 정말 앞으로 온 걸까?

M 네? 그게 무슨 말씀이세요?

C 만약 네가 구슬 하나를 거울을 향해 굴린다고 생각해보자.
그 구슬은 앞으로 가는 걸까? 뒤로 가는 걸까?

M 거울 쪽으로 굴린 거니까 앞으로 가는 거죠.

C 방향을 잘 기억해라. 네가 서 있는 지점에서 거울 쪽으로 가는 것이 '앞'인 거야. 그렇지?

M 네. 왜 자꾸 당연한 걸 강조하실까요?

C 그럼 거울 속 구슬의 움직임을 생각해보자.
거울 속 구슬은 어느 방향으로 움직이고 있지?

M 거울 속 구슬도 거울 방향으로 굴러오고 있겠죠?
그러니 앞으로 오는 거 아닌가요?

C 관점을 바꾸면 안 돼.
거울 밖에 서 있는 네 관점으로 고정시켜서 봐야지.

M 아~~ 그렇다면 거울 속 구슬은 반대 방향으로 굴러가는 거네요.
거울 밖 구슬이 '앞'으로 굴러갈 때 거울 속 구슬은 '뒤'로 굴러가는 거구요.

C 이제야 좀 이해를 하는구나. 결국 거울에서 바뀌는 건 '왼쪽'과 '오른쪽'이 아니라 '앞'과 '뒤'인 거야.

M 앞뒤가 바뀐다구요?

C 그래. 거울 속에 비춘 네 모습도 생각해보면 좌우가 아니라 앞뒤가 바뀌었던 거란다.

M 그럼 제 얼굴이 머리가 된다는 말씀이세요? 말도 안 돼.

C 그게 아니지. 얼굴이 있는 방향을 잘 봐라. 거울 밖에서는 앞쪽에 있잖니. 그런데 거울 속에서는 얼굴이 뒤쪽에 있는 거야. 머리는 그 반대쪽에 있고.

M 아… 무슨 말인지 알겠어요.
  그런데 정말 어렵네요. 거울 나라를 이해하는 게요.

C 좌우가 아니라 앞뒤가 바뀌었다는 말을 쉽게 이해하려면 반투명 종이에 글씨를 쓴 다음 뒤집어보면 된단다. 그러면 거울 면에 비춰서 보는 것과 같은 글씨가 보이거든.

M 반투명 종이에 글씨를 쓴 다음 거울 앞에서 비춰보면 거울에 비친 글씨와 종이 반대편 글씨가 같다는 사실을 동시에 확인할 수 있겠네요.

C 그렇지. 이제 거울 나라를 어느 정도 이해한 거 같으니 이 부분을 한번 생각해볼까?

"가서 만나봐야겠어." 앨리스는 꽃들도 무척 재미있지만, 진짜 여왕을 만나서 얘기를 하는 것이 훨씬 근사할 것이라고 생각하며 말했다.

"그렇게 안 될걸. 내가 충고하는데 **너는 다른 방향으로 가게 될 거야.**" 장미꽃이 말했다.

앨리스는 말도 안 되는 소리라고 생각해 대꾸도 없이 곧장 **붉은 여왕을 향해 출발했다.** 놀랍게도 그 순간 **여왕이 시야에서 사라졌고,** 다시 문 앞을 걷고 있다는 사실을 알게 되었다.

앨리스는 조금 짜증을 내며 뒤로 물러섰고, 여왕을 찾아 이리저리 돌아보았다. (드디어 멀리 떨어진 여왕을 발견한 앨리스!) 이번에는 **반대 방향으로 걸어가보기로 했다.**

그리고 **아주 멋지게 성공했다.** 앨리스는 1분도 지나지 않아 붉은 여왕과 마주쳤고, 그렇게 가고 싶었던 언덕도 볼 수 있었다.

M 이제야 뭔가 알 거 같아요. 앨리스가 붉은 여왕을 향해 걸었는데 여왕이 시야에서 사라졌다고 했잖아요. 그건 앨리스가 발견한

붉은 여왕의 모습이 거울에 비친 모습이었기 때문이에요. 거울에 비친 여왕을 보고 거울 쪽으로 다가가면 실제로는 여왕과 멀어지는 거니까요.

C 거울 앞 놀이와 토론이 제법 효과가 있구나.

M 앞의 이야기에서도 언덕이 눈앞에 보이는데 아무리 가도 꼭대기에 오를 수 없다고 했잖아요. 그것도 마찬가지 이유인 거 같아요. 거울 나라에서는 원하는 곳으로 가려면 보이는 방향과 반대 방향으로 가야 하는 거죠. 앨리스가 여왕을 만났던 방식처럼요.

C 어느 나라나 여왕님을 만나는 건 쉽지 않은 법이지.

M 여왕님과 만나긴 했는데 대화가 좀 이상해요.
시간을 절약하려면 절을 하라고 하고, 언덕을 골짜기라고 불러요. 그리고 달리기를 하느라 목이 탄 앨리스에게 엄청 퍽퍽한 과자를 줘요. 갈증을 해결하라면서요. 가만 보니 여왕은 서로 반대되는 말과 행동을 당연하다는 듯이 하네요. 그런데 모든 것이 반대인 거울 나라니까 그럴 수도 있을 것 같아요.

C 이제 웬만한 건 패스하는 거냐?

M 히히~ 대충 반대로 이해하면 되니까요.
저는 다른 것보다 언덕 위에서 바라보는 거울 나라의 모습이 인상적이었어요. 꼭 체스판처럼 생겼잖아요.

C 등장인물들도 모두 체스판 위의 말이란다.

M 생각해보니까 체스판 안에도 거울에서처럼 대칭이 있네요. 대각선 방향으로 판을 잘라보면 완벽한 대칭이 되잖아요.

C 제목하고 참 잘 어울리는 설정이지?

M   정말 그러네요. 그런데 앨리스랑 붉은 여왕은 왜 달리기를 시작
    했을까요? 그리고 왜 달려도 달려도 제자리인 거예요?

C   그 부분을 한번 읽어볼까?

열심히 달려도 제자리인 나라

"그거야 쉽지. 원한다면 하얀 여왕의 병사가 될 수 있단다. 릴리는 게임을
하기엔 아직 어리거든. 그럼 너는 지금 있는 둘째 칸에서부터 시작하는 거야.
여덟 번째 칸에 도착하면 여왕이 되는 거지." 그 순간 어쩐 일인지 그들은 달
리기 시작했다.

앨리스는 이후로도 몇 번을 생각해보았지만 어떻게 달리기 시작한 건지 도

무지 알 수가 없었다. 앨리스가 기억하는 것이라고는 여왕과 손을 잡고 달렸다는 것과, 여왕이 너무 빨리 달려서 따라가기가 힘들었다는 것뿐이었다. 여왕은 계속해서 "더 빨리! 더 빨리!"를 외쳤고, 앨리스는 더 이상 빨리 달릴 수는 없다고 생각했지만 그런 말을 할 수도 없을 만큼 숨이 찼다.

그런데 정말 이상했던 건 그들 주변에 있던 나무와 다른 것들은 전혀 움직이지 않고 제자리에 가만히 있었다는 것이다. 아무리 빨리 달리더라도 그 무엇도 지나칠 수 없을 것만 같았다. '모두 우리와 함께 움직이고 있는 건가?' 앨리스가 어리둥절하며 생각했다. 그리고 여왕은 그녀의 생각을 읽기라도 한 듯 소리쳤다. "더 빨리! 말하려고 하지 말고!"

M (큭큭거리며) 어쩌다 보니 달리게 되었대요.

　이유를 알 수 없는 달리기를 하고 있군요.

C 뭐~ 그럴 수도 있지 않겠니?

　살다 보면 이유도 모른 채 열심히 뭔가를 할 때가 종종 있으니까.

M 나름 철학적인데요? 그런데 정말 이상한 건 계속 달리는데도 제자리에 가만히 있었다는 거예요. 이건 도대체 뭘까요? 나무랑 주변의 다른 모든 것들이 정말 앨리스와 함께 달리고 있는 건가요?

C 말이 안 되는 거 같지?

M 당연히 안 되죠. 어떻게 나무가 달려요. 아! 앨리스랑 여왕이 런닝머신 같은 거대한 컨베이어벨트 위에서 달리고 있다고 하면 가능하겠네요. 주변은 그대로 있고 앨리스와 붉은 여왕은 죽어라 뛰고.

C 흠… 그거 괜찮은 생각인데?

M 네? 저는 그냥 한 말이었는데요.

C 아니, 네가 말한 그 런닝머신인가 하는 기계 위에서 달린다고 하면 설명이 되지 않겠니? 이 장면을 조금 더 읽어보자.

앨리스는 깜짝 놀라며 주위를 돌아보았다. "아니, 우리가 내내 이 나무 아래 있었던 거죠! 모든 게 그대로잖아요!"

"당연하지. 도대체 뭘 기대한 거지?" 여왕이 말했다.

"그러니까, 우리나라에서는 이렇게 한참 동안 빨리 달리면 어딘가 다른 곳으로 가게 되거든요." 앨리스가 여전히 조금 숨가쁘게 말했다.

"느림보 나라 같으니라구!" 여왕이 이어서 말했다. "지금, 네가 여기서 봤듯이, 계속 같은 자리에 있으려면 쉬지 않고 계속해서 달려야 해. 만약 어디든 다른 곳으로 가고 싶다면, 적어도 두 배는 빨리 달려야 하지."

M 달렸을 때 어딘가 다른 곳으로 가는 나라는 느림보 나라래요.
   그럼 저는 느림보 나라에 살고 있는 거네요. 하하~

C 계속 같은 자리에 있으려면 쉬지 않고 달려야 한다잖니.

M 참 이해하기 어려운 상황이에요. 그런데 정말 러닝머신의 개념
   을 이용해 접근해보면 어떨까요?

C 어떻게 말이냐?

M 앨리스와 여왕이 발을 딛고 있는 땅이 바로 러닝머신인 거예요.
   두 사람은 그 위를 죽어라 뛰고 있는 거구요. 그때 러닝머신의
   속도는 앨리스와 여왕의 속도에 맞춰서 변한다고 생각하면 될
   거 같아요.

C 둘이 빠르게 달리면 러닝머신도 빨라지고 느리게 달리면 느려진
   다구? 만약 두 사람이 뛰는 것을 멈추면 어떻게 되는 거냐?

M 그때는 러닝머신도 멈춰야겠죠? 러닝머신의 속도는 두 사람의
   속도에 맞춰지는 거니까요. 그런데 한 가지 걸리는 게 있어요.

C 뭐가 걸리는데?

M 어디든 다른 곳으로 가려면 두 배로 빨리 달려야 한다는 말이요.
   그게 혹시 러닝머신의 최고 속도를 뛰어넘을 정도로 빨리 달려
   야 한다는 말일까요?

C 그 기계도 더 이상 빨라질 수 없는 속도가 있을 테니까.

M (곰곰이 생각하며) 흠… 그런데 저런 얘기가 도대체 무슨 쓸모가
   있을까요? 아무도 이해하지 못하는 설정과 이야기잖아요.

C 한번 생각해보자. 혹시 내가 달릴 때 옆 사람도 같이 달리는 상황
   이 있는지. 아무리 달려도 상대를 따라잡을 수 없고 달려도 달려

도 제자리에 있는 것 같은 그런 상황 말이다.

M 듣고 보니 꼭 학교에서 하는 경쟁 같네요. 언젠가 저랑 성적이 비슷한 친구를 따라잡으려고 열심히 공부한 적이 있거든요. 그런데 내 모습을 보더니 그 친구도 열심히 하더라구요. 결국은 바뀐 게 아무것도 없었어요. 저랑 그 친구의 등수도, 또 주변 친구들의 성적도.

C 열심히 뛰었지만 제자리였다는 말이구나.

주변 상황도 변한 게 없었고.

M 붉은 여왕의 달리기랑 정말로 같은 상황인 거 같아요. '달렸을 때 어딘가 다른 곳으로 가는 나라는 느림보 나라다'라는 말도 이해가 되구요. 게으르고 느린 사람들이 있는 곳에서는 내가 열심히 달렸을 때 어딘가로 멀리 갈 수 있잖아요.

C 일리가 있구나. 그 말을 기업의 경쟁 구도에 적용해볼 수도 있지. 예를 들어 순위를 다투는 두 경쟁업체가 있다고 해보자. 두 업체는 우위를 선점하기 위해 치열하게 노력하겠지? 그러나 순위를 바꾼다는 건 결코 쉽지 않아. 서로 쉬지 않고 노력하고 있으니까. 그러니까 아무리 열심히 달려도 제자리에 있는 것 같을 거야.

M 붉은 여왕이 한 말을 동물의 생태계에 적용해보는 건 어떨까요? 사슴과 치타를 예로 들어볼게요.

사슴은 치타에게 잡아먹히지 않기 위해서 빨리 달리죠. 치타는 그 사슴을 잡아먹기 위해 빨리 달리구요. 그러면 사슴은 더 빨리 달려서 달아나려 하고 치타는 그 사슴을 잡기 위해 더 빨리 달리려고 해요.

C 사슴과 치타가 계속해서 노력한다면 그 둘은 쫓고 쫓기는 경쟁
　관계에서 벗어날 수 없겠구나. 그러니 둘 중 하나가 포기할 때까
　지 경쟁은 계속되겠지.

M 포기하는 순간 느림보가 되는 거예요. 그럼 죽게 되겠죠? 잡아 먹
　혀서 죽거나 굶어 죽거나.
　살아남기 위해서는 붉은 여왕의 말처럼 두 배쯤 빠르게 달려야
　하는 거예요. 그래야 사슴은 치타로부터 도망갈 수 있고, 치타는
　사슴을 잡아먹을 수 있어요.

C 참 잔인한 생태계의 원리인데, 붉은 여왕이 말한 달리기 상황과
　딱 들어맞는 얘기 같구나.

M 이런 내용을 과학 시간에 배운 적이 있어요.
　초식동물은 육식동물에게 잡아먹히지 않기 위해 진화했대요. 토
　끼의 뒷다리가 긴 것도, 염소의 눈이 수평인 위치에 있는 것도
　모두 그래서 그런 거래요.

C 듣자 하니 베일런(Leigh Van Valen)이라는 과학자가 생태계의 그
　런 진화의 원리에 '붉은 여왕 효과(Red Queen Effect)'라는 이름을
　붙였다더구나. 지금 우리가 읽었던 이야기를 인용해서 말이지.

M 선생님 이야기의 영향력은 정말 크네요.
　과학 분야에까지 인용될 정도면요.

C 그뿐이냐? 양자역학인가 하는 분야에서는 '체셔 고양이 실험'이
　라는 걸 한다더구나. 몸체가 사라지고도 웃음이 남았던 체셔 고
　양이처럼 어떤 입자가 사라져도 그 입자의 성질은 남는다나 뭐
　라나. 하여간 내 이야기를 여기저기서 잘들 인용하더구나.

M 지금 은근히 자랑하신 거죠?

C 자랑은 무슨! 애초에 내 의도는 그게 아니었는걸.

M 그럼 저 이야기를 만드실 때의 의도는 뭐였어요?

C 거울 나라니까 당연히 거리, 속력, 시간의 원리가 거꾸로 작용한다는 얘기를 하려고 했지.

M 거리=속력×시간이잖아요. 식을 바꿔보면 이렇게 되구요.

$$\text{속력} = \frac{\text{거리}}{\text{시간}}, \quad \text{시간} = \frac{\text{거리}}{\text{속력}}$$

C 그건 네가 사는 느림보 나라에서의 공식이고. 거울 나라에서는 그 공식을 거울에 비춰서 봐야 되겠지?

M 저 공식을 거울에 비춰보면 글자만 좌우로 바뀌지 원리 자체는 그대론데요?

C 거울을 왜 꼭 앞에다가 놔야 한다고 생각하는 거지?
위나 아래에 놓고서도 비출 수 있는데 말이야.

M (손뼉을 치면서) 아~ 그런 방법도 있군요.
거울을 위나 아래에 놓으면 공식의 분자와 분모가 바뀌겠어요.

$$\text{속력} = \frac{\text{시간}}{\text{거리}}$$

C 속력 공식에서 거리 공식을 유도하면 어떻게 될까?

M 거리와 속력의 자리를 바꾸면 되니까 거리$=\frac{\text{시간}}{\text{속력}}$이 되죠.
해석해보자면, 거리 공식에서 속력이 분모에 있으니까 속력이 빨라질수록 움직인 거리는 작아져요. 빨리 뛸수록 제자리에 있다는 말이 바로 이거였군요.

C 반대로 느리게 가면 움직인 거리가 커지겠지? 그건 내가 느리게 갈 때 주변 상황이 더 빠르게 움직인다고 해석하면 될 거 같구나.

M 공식이 달라지면 움직이는 방법도 달라져야 하는 거네요. 앨리스가 얼마나 황당했을지 저도 이해가 됩니다.

C 앞으로도 이런 일들이 계속 벌어질 텐데 괜찮겠니?

M 그럼요. 다음에 또 어떤 일이 벌어질지 벌써부터 기대가 되는걸요. 그리고 저는 하나씩 배워가는 것도 좋아요. 앨리스 책도 수학이나 과학의 원리를 알고 보니까 훨씬 흥미로운 거 같아요.

C 배움의 자세가 참 훌륭하구나. 그럼 오늘은 이만하고 쉴까? 내일 아침에 비가 그치면 내가 아주 특별한 경험을 시켜주마.

M 오~ 좋아요. 뭔지는 안 가르쳐주시겠죠?

C 당연하지.

M 알았어요. 그럼 저는 내일 읽을 부분을 살짝 예습하고 쉬겠습니다.

마르코는 벽난로 앞에 앉아 타닥타닥 타들어가는 장작 소리와 간간이 들려오는 빗소리를 음미해가며 책을 읽는다. 허구한 날 비가 오고 흐리다는 영국 날씨가 이렇게나 운치 있을 줄이야. '대학을 중심으로 만들어진 도시라서 다들 공부만 한다더라', '즐길 거리가 딱히 없으니 절대 기대하지 마라'는 말을 듣고 와서 그런가? 비 오는 날 벽난로 앞에 앉아 차를 마시며 책을 읽는 오늘 같은 일상이 소소하게 즐겁다.

사진처럼 똑같은
트위들덤과 트위들디

TICKET

꿈속에서 마르코는 누군가와 기분 좋은 대화를 나누고 있다. 자면서 입을 오물거리기도 하고 히죽히죽 웃기까지 한다. 그러다 덜커덩! 높은 턱을 넘느라 기차의 몸체가 한바탕 요란하게 흔들린다. 포탄이 터지기라도 한 것처럼 크게 울린 바퀴 소리는 이윽고 마르코를 단잠에서 깨어나게 한다.

'아… 이게 무슨 소리야. 어디 전쟁이라도 났나?'

잠이 덜 깬 마르코는 게슴츠레한 눈으로 주변을 돌아본다. 그리고 곧 자신이 기차를 타고 어디론가 가고 있으며, 주변 좌석에는 온갖 종류의 이상한 생물들이 함께 타고 있다는 사실을 깨닫는다. 바로 그때, 천 개쯤 되는 눈이 일제히 마르코를 향해 다가온다. 그리고는 마치 합창이라도 하듯 다 같이 질문을 쏟아낸다.

'얘야! 너는 누구니? 어디로 가고 있지? 표를 보여줘야지. 혼자서 다니면 위험해. 보호자는 없는 거니? 그렇다면 돌아가! 돌아가!! 돌아가!!!'

점점 더 가까이 다가오는 눈동자들과 커지는 합창 소리 때문에 마르코는 정신을 차릴 수가 없다. 그런데 이런! 너는 누구냐는 질문에 대답을 하려던 순간, 이름이… 이름이… 도대체가 생각나지 않는다.

M (눈을 비비고 일어나며) 아우 찜찜해. 뭐 이런 꿈이 다 있어?

꿈속에서 또 꿈을 꾸고, 이름도 잃어버리고.

C 아침부터 혼자서 뭐라고 중얼거리는 거냐?

M 이상한 꿈을 꿨어요. 이상한 생물들이 떼로 몰려와서는 저에게
자꾸 뭘 묻는데… 까먹었어요.

C 다 얘기해놓고 뭘 까먹었다는 거냐?

M 이름요. 제 이름을 까먹었어요.
아무리 생각해도 기억이 안 나는 거예요.

C 거참 답답했겠구나. 꿈속이라 누가 가르쳐줄 수도 없고.

M 괜찮아요. 어차피 꿈인데요, 뭘.

C 그럼 오늘은 어제 약속한 대로 아주 특별한 경험을 하러 나가볼
까? 날씨가 제법 화창해졌거든.

M 야호. 신난다. 안 그래도 온몸이 근질근질하던 참이에요.

C 잘됐구나. 일단 이 짐을 좀 들고 나가자꾸나.

마르코는 선생님이 건네는 커다란 나무상자를 들고 야외로 나간다.
보기보다 묵직해서 궁금한 마음에 흔들어보려던 순간! 버럭 화를 내시
는 캐럴 선생님. 마르코는 조심조심 가져다가 잎이 무성한 나무 아래에
사뿐히 내려놓는다.

빅토리아 시대 최고의 사진작가

M 저 안에 도대체 뭐가 들었길래 그렇게 소중히 다루시는 거예요?

C (분주히 움직이며) 지금 내가 설치하고 있는 걸 보면 모르겠냐?

M 길게 세워지는 삼각대 위에 커다란 네모 박스. 거기에 검은색 천
을 뒤집어씌운 걸 보면… 혹시 이거 사진기예요?

C 그래. 내가 아주 좋아하는 취미 활동이지.

M 그럼 저 상자 안에 든 건 뭐예요?

C 사진을 찍을 때 필요한 여러 가지 화학약품과 도구들이야.

M 사진 한 장을 찍는 데 이렇게 많은 도구와 장비가 필요해요?

C 과정도 얼마나 복잡한지 몰라.

　　너에게 설명하려면 아마 한나절은 걸릴 거다.

M 이걸로 오늘 저 사진 찍어주시는 거예요?

C 그럴까 하는데. 왜? 별로냐?

캐럴이 사용했던 습식 콜로디온 사진 장비

M 아뇨~ 완전 좋죠. 저 어디에서 어떤 포즈로 있을까요?

C 저기 나무 아래로 가보겠니? 일단 준비는 거의 다 된 거 같다.

M 알겠어요. 나무 그늘에 서 있으면 되겠죠?

C 아니. 기왕이면 햇빛이 있는 곳에 서거라.

　 그래야 얼굴 부분이 햇빛에 노출되어 밝게 나올 수 있거든.

M (혼잣말로) 햇빛에 서면 눈부셔서 표정을 찡그려야 하는데…

C 뭐라구? 찍기 싫다구?

M 아! 아니요. 햇빛이 너무 좋다구요. 아하하~

C (검은 천을 뒤집어쓰고 거꾸로 된 화면을 보며) 고개를 조금 왼쪽으로 돌리고, 턱을 살짝 들고, 다리는 더 모으고, 허리는 펴고.

　 그렇지! 그 자세로 사진을 찍을 거니까 잠깐만 기다리고 있거라.

　　사진을 찍는가 싶었는데 캐럴 선생님이 나무 상자를 들고 어디론가 사라지신다. 도대체 어딜 가신 걸까… 말도 없이 사라진 선생님을 하염없이 기다리는 마르코. 같은 자세로 한참을 서 있다 보니 목은 뻣뻣해지고 다리는 후들거린다. 아… 오늘따라 왜 이리 햇볕은 따가운 것인가.

C (헉헉거리며) 자~ 자세 그대로 맞지? 그럼 촬영 들어간다.

　 움직이지 말고, 눈도 깜빡이지 말고, 표정 잘 유지하고.

M 하나, 둘, 셋 같은 건 안 해주시나요?

C 말도 하지 말고. 그냥 가만히 있으라니까. 조금 더 기다리고. 옳지!

　 이제 다 됐구나. 고생했다.

M (바닥에 털썩 주저앉으며) 아니, 무슨 사진을 찍는 데 이렇게 오래

아서 B. 프로스트의 삽화 〈사진사 히아와타〉, 1883

걸리고 힘들어요. 가만히 있으라고 하신 뒤로 거의 10분은 똑같은 자세로 있었잖아요.

C 지금 너랑 대화할 시간이 없거든. 바로 현상하러 가야 하니까 말이야. 너도 같이 가겠니?

M 네? 지금 바로 현상을 한다구요?

C 그렇다니까. 갈 거냐 말 거냐?

M 가야죠. 당연히.

C 그럼 가자! 판이 마르면 안 되니까 뛰어야 하거든.

M 도대체 어딜 가시길래 뛰는 거예요?

C 톰 타워 꼭대기에 있는 내 사진 스튜디오.
   거기까지 최대한 빨리 가야 해.

M (울상인 표정을 지으며) 아~ 이건 징말이지 너무나 득빌한 경험이네요. 헉헉~

숨을 헐떡이며 톰 타워 꼭대기까지 뛰어오른 마르코와 캐럴 선생님.
그곳에서 마르코는 캐럴 선생님이 사진을 현상하는 모습을 지켜본다.

M 아니, 사진을 꼭 지금 현상해야 되는 거예요?

   내일 해도 되고, 모레 해도 되잖아요.

C 네가 이 사진기의 특성을 몰라서 그래.

   이 사진기는 찍자마자 바로 현상을 해야 하거든.

M 선생님이 찍으신 사진기가 어떤 건데요?

C 습식 콜로디온 사진기야. 이름 그대로 습식이라 콜로디온이 말
   라버리면 빛에 대한 감도를 잃어버려서 사진이 망쳐지거든.

M 네? 무슨 말인지 모르겠어요.

C 하긴 네가 이 사진 기술을 이해하는 건 어려운 일이지. 거의 초창
   기의 사진 방식이니까. 내가 사진기를 처음 갖게 된 게 1856년이
   었거든. 그런데 사진이라는 기술이 처음 등장한 게 1839년이었
   으니까 불과 17년밖에 되지 않은, 그야말로 신기술이었어.

M 우와~ 선생님은 얼리 어답터셨군요.

C 내가 사진의 존재를 알게 된 건 1851년 런던에서 열린 만국박람
   회에서였단다. 당시 박람회에서 최고의 스타는 단연 사진이었
   지. 사람들은 사진이 '보이는 모습을 간직해주는 영원한 거울'이
   라며 열광했어.

M 선생님도 열광하셨구요?

C 그럼. 함께 박람회장에 갔던 외삼촌 스케핑턴이 나에게 사진 촬
   영법을 알려주면서 내 호기심에 불이 붙었지.

M 그래서 5년 뒤에 사진기를 사셨구요? 아무래도 새로운 기술이다 보니 다루기가 어려웠겠어요. 오늘 보니까 되게 복잡해 보이던데요?

C 복잡하고말고. 내가 사용하는 습식 콜로디온 사진기로 사진을 찍으려면 준비부터 사진 현상까지 수십 단계의 작업을 거쳐야 해. 사진을 찍기 전에 유리판을 다듬고 닦아낸 다음 거기에 콜로디온을 준비해 바르고, 햇빛을 감지할 수 있게 해주는 액체에 담궈놓아야 하지.

M 그래서 아까 나무 상자에 든 이상한 액체들을 들고 어두컴컴한 곳으로 달려가셨군요.

C 그 사전 작업이 끝나면 유리판을 끼우기 전에 사진의 초점을 맞춰야 해. 유리판을 끼우고 난 후에는 초점을 바꿀 수가 없거든. 그다음에는 렌즈 뚜껑을 열어 사진판을 햇빛에 노출시키며 촬영을 하지.

M 찰칵하고 버튼을 누르며 촬영하는 게 아니군요. 저는 왜 선생님이 하나, 둘, 셋을 안 해주시나 하고 한참을 기다렸거든요.

C 햇빛이 충분하게 들어가도록 기다려야 한단다. 네 말처럼 찰칵하고 순간을 촬영하는 기술은 한참 뒤에나 나왔지.
여하튼 그렇게 촬영을 마치면 바로 암실로 와서 이렇게 현상을 해야 해. 현상하는 과정도 까다롭긴 마찬가지야.

M 잠깐만요. 아까는 아무것도 없던 판이었는데 슬슬 제 모습이 나타나기 시작하네요. 와~ 신기해라.

C 현상이 되는 액체를 발랐으니까. 그런 다음 물로 잘 씻어내고 현

상된 그림을 고정시키면 된단다. 마지막으로 유리에 있는 그림을 알부민 종이에 인쇄하면 사진이 완성되는 거지.

M 선생님은 이렇게 복잡한 사진 기술을 왜 익히셨던 거예요?

C 보자마자 새롭고 신비하다는 생각이 들었어. 왠지 잘 배워보고 싶었지. 당시에는 사진이 나의 유일한 오락거리였거든.

M 오락요? 딱 봐도 엄청 오래 공부하고 전문지식을 쌓아야 할 것처럼 보이는데요? 그냥 가볍게 즐길 수 있는 취미는 아닌 거 같아요.

C 그런 게 나한테는 매력이었던 거 같다. 복잡하고 정교한 기계를 하나씩 배워가며 조작하는 것도 그렇고, 마법처럼 놀라운 결과가 나타나는 것도 신기했지.

M 하긴 사진은 그림보다 더 정교하고 사실적이죠. 그래서 사진을 좋아하셨을 수도 있겠네요.
어! 그리고 보니 여기 사진이 몇 장 걸려 있는데요? 혹시 이 아이가… 앨리스?

앨리스 리델

리델 가의 세 자매

C 그래. 맞다. 그리고 그 옆은 리델 학장의 세 딸들이란다.

M 세 명 중에 오른쪽이 앨리스군요.

제가 사진 전문가는 아니지만 정말 잘 찍으신 거 같아요.

C 사진기를 사고 처음엔 풍경을 찍었어. 당시 사진기로는 정지해 있는 모습만 찍을 수 있었거든. 그러다가 인물 사진을 찍기 시작했지.

M 선생님의 어린 여자친구들요?

C 주로 그랬었어. 당시에 시인 테니슨 같은 유명인들의 사진도 자주 찍긴 했었지. 덕분에 내 인맥이 아주 넓어졌단다.

M 다른 사람들의 사진은 왜 찍으시는 거예요?

C 내가 좋아하고 친한 사람들과 함께 즐기고 싶었으니까. 그런데 문제는 돈이 너무 많이 든다는 거야. 당시에 나는 경제적으로 그리 넉넉하지 않았거든. 그래서 어쩔 수 없이 몇몇 사진을 팔아 취미 생활을 유지하기도 했지.

M 경제적으로 여유가 없었다는 걸 보니 앨리스 책을 쓰시기 전이었군요.

C 그래. 그런데도 24년간 거의 3천 장 가까이 사진을 찍었단다.

M (깜짝 놀라며) 3천 장요? 엄청 많이 찍으셨네요.

그런데 몇 장인지를 어떻게 기억하세요?

C 사진 뒷면에 번호를 적어놨거든. 그러니 기억할 수밖에.

M 누가 수학 교수님 아니라고 할까봐 무엇을 하든 참 꼼꼼하시네요. 지난번에 일기도 매일 쓴다고 하지 않으셨어요?

C 일기는 1853년부터 하루도 빠지지 않고 썼지. 그뿐인 줄 아니?

편지도 무려 98,721통이나 썼는걸.

M   헉! 거의 10만 통 가까이 쓰신 거네요.

    혹시 그 편지에도 번호를 적어놓으셨어요?

C   편지는 내가 특별히 개발한 등록 책자에 기록을 했단다.

    그런데 편지도 사진도 다 어디 갔는지 없더구나.

    이제 몇 장 안 남아 있는 거 같던데?

M   그렇게 열심히 정리하셨는데… 좀 아깝네요.

C   과거는 과거일 뿐이니까.

    아이코! 오전 시간이 거의 다 가버렸구나.

    좀 쉬었다가 책을 좀 읽어볼까?

    쇼파에 앉아 인터넷 검색을 하던 마르코는 캐럴 선생님이 생각보다 유명한 사진작가였다는 사실을 알고 깜짝 놀란다. 『이상한 나라의 앨리스』가 없었다면 '어린이를 모델로 사진을 찍었던 최초의 사진작가'로 이름을 남겼을 것이라는 말이 계속해서 머릿속을 맴돈다.

C   책을 보고 있을 줄 알았더니 엉뚱한 걸 가지고 놀고 있구나.

M   선생님에 대한 정보를 찾고 있었죠.

    알고 보니 엄청 유명한 사진작가셨네요.

C   좋아해서 찍은 거지 유명해지려고 찍은 건 아니야.

M   앨리스 이야기도 아이들을 즐겁게 해주고 싶어서 쓰신 거잖아요. 순수한 의도로요.

    그런 걸 보면 뭐든 정말 좋아서 하는 게 맞는 거 같아요.

C 왜! 너는 하기 싫은 걸 억지로 하고 있는 거냐?

M 억지로 하는 것도 있죠. 하지만 이런 여행은 너무 즐겁고 좋아요.
   제 질문이 많아지는 게 그 증거예요.

C 이번에는 또 어떤 질문을 하나 지켜봐야겠구나.
   오늘은 어디부터 읽을 차례지?

M 어제『거울 나라의 앨리스』1장과 2장을 읽었어요.

C 그럼 3장을 네가 먼저 읽어보겠니?

3장. 거울 나라의 곤충들

가장 먼저 할 일은 당연히 앞으로 여행할 그 나라를 두루 조사하는 일이었
다. '이건 지리를 공부하는 것과 아주 비슷해.' 앨리스는 조금 더 멀리 보고 싶
은 마음에 발끝을 세우고 서서 생각했다. '주요 하천은… 없어. 주요 산은… 지
금 내가 서 있는 이곳뿐이야. 그런데 이름은 없는 것 같아. 주요 도시는… 어,
저기 아래에서 꿀을 모으고 있는 저것들은 뭐지? 꿀벌은 아니야….'

거울 나라에서 체스를 시작한 앨리스를 상상하며 마르코는 살짝 긴
장한다. 마지막 칸까지 가서 여왕이 되려면 붉은 여왕이 해준 말을 잘 기
억해야 할 텐데… 무엇보다 이름을 잊지 말아야 할 텐데… 마르코는 이
름을 잊어버리는 바람에 무척이나 당황스러웠던 어젯밤 꿈을 다시 한번
떠올려본다.

이름이 필요해

M 드디어 앨리스의 체스 놀이가 시작되었네요.

여기서부터 또 이상한 법칙들이 쏟아져 나오겠죠?

C 체스 칸마다 조금씩 다른 규칙과 엉뚱한 인물들이 있을 거다.

M 아하! 그럼 칸마다 다른 나라라고 생각해도 되겠네요.

C 뭐~ 그래도 되겠구나. 서로 독립된 영역이니까.

M 생각해보니까 앨리스를 혼란스럽게 하는 방식이 좀 바뀐 거 같아요. 이상한 나라에서는 앨리스 몸의 크기가 커졌다 작아졌다 했잖아요.

C 그랬었지. '나는 누구일까?'를 수도 없이 물었잖니.

M 그런데 이번에는 갑작스럽게 장소를 이동하면서 혼란스러워하는 거 같아요. 체스판을 나누는 시냇물을 건넜더니 갑자기 기차 안에 있고, 또 기차가 시냇물을 건널 때 붕 떠오르면서 갑자기 나무 그늘에 앉아 있고 그랬잖아요.

C 이상한 나라에서는 땅속을 여행했고, 이번에는 체스판 위에서 움직이는 거니까.

M 아무튼 이번 장을 읽으면서 이름을 되게 강조하신 거 같았어요. 여기를 볼게요.

"그럼 너는 모든 곤충을 싫어하는 거야?" 아무 일도 없었다는 듯이 모기가 계속해서 물었다.

"말하는 곤충은 좋아해. 그런데 내가 사는 곳에는 말하는 곤충이 없어." 앨리스가 말했다.

"그럼 네가 사는 곳에서 너는 어떤 종류의 곤충을 좋아했는데?" 모기가 물었다.

"나는 곤충을 전혀 좋아하지 않아. 왜냐하면 나는 곤충이 무섭거든. 특히 큰 곤충들은. 하지만 곤충들의 이름은 말해줄 수 있어." 앨리스가 설명했다.

"이름을 부르면 대답을 하겠지?" 모기가 별 생각 없이 물었다.

"그렇지 않은데."

"대답을 안 할 거라면 이름을 갖고 있는 게 무슨 소용이 있어?" 모기가 말했다.

"곤충에게는 필요 없지." 앨리스가 계속 말했다. "그런데 곤충의 이름을 붙인 사람들에게는 필요할 거야. 그렇지 않으면 이름을 왜 갖고 있겠어?"

M '이름을 부르면 대답을 하겠지?'라는 모기의 질문이 너무 생뚱맞지 않나요? 이름을 부른다고 해서 곤충이 대답할 리가 없잖아요.

C 거울 나라에서는 꽃도 곤충도 모두 말을 할 수 있잖니. 그러니까 모기 입장에서는 너무 당연한 질문 아닐까?

M 하지만 이름을 가졌다고 해서 모두 대답할 수 있는 건 아니잖아요. 예를 들어, 책상에게 '너는 이름이 뭐니?'라고 묻는다고 해서 책상이 대답을 하진 않으니까요.

C 1장에서 봤듯이 거울 나라에서는 액자가 살아 있고, 시계에도 얼굴이 있잖니. 꽃병도 웃고 있으니 책상도 이름을 부르면 얼마든

지 대답할 수 있을 거 같은데?

M 거울 나라에서는 이름을 가진 모든 것들이 대답할 수 있군요. 하지만 앨리스에게는 황당하기 짝이 없는 질문이었을 거예요. 그런데도 참 지혜롭게 답하는 모습이 신기해요. 이름은 곤충이 아니라 사람에게 필요한 거라구요.

C 그렇지. 그런데 이런 얘기를 왜 내가 여기에 넣은 거 같니?

M 글쎄요. 뭔가 전하고 싶은 메시지가 있으셨나요?
만약 있었다면 그건 또 수학 이야기였겠죠?

C 수학 얘기일 수도 있고 아닐 수도 있지. 난 정말 어떤 사물의 이름에 대해 얘기해보고 싶었거든.
만약 네가 네 이름을 잃어버리면 어떨 거 같니?

M 아! 어젯밤에 제가 그런 꿈을 꿔봤잖아요. 주변에서 저보고 누구냐고 묻는데 대답을 할 수가 없어서 얼마나 난감했는지 몰라요.

C 주변에 있는 사람이나 사물들의 이름도 모두 사라진다면 어떨 거 같니?

M 무척 난감하고 불편하겠죠. '이걸 달라, 저건 뭐다' 말을 해야 하는데 이름을 부를 수가 없으니 길게 설명해야 하잖아요.
아니, 설명할 때도 다른 사물들의 이름이 필요하니까 어쩌면 설명이라는 게 불가능할 수도 있겠어요.

C 이름이란 게 참 중요하지?

M 새삼 깨닫게 되네요. 그동안 사물의 이름을 부르면서도 그런 생각은 한 번도 안 해봤거든요.

C 그렇다면 그 이름들은 어떻게 생겨난 걸까?

M 앨리스 말처럼 누군가 맨 처음에 그렇게 붙여줬겠죠. 이름 없는 사물이 발견되면 또 누군가가 이름을 붙여줬을 거구요. 새롭게 발견한 소행성에 이름을 지어주는 것처럼요.

C 그렇겠지. 그런데 그런 이름들은 이름을 붙인 사람들에게만 의미가 있는 것 아닐까? 애초에 이 세계나 우주는 인류가 존재하기 전부터 우리와는 무관하게 존재해왔던 것이니까 말이야.

M 그야 그렇죠. 만약 인간이 지구에서 사라진다면 사물의 이름들도 모두 사라질 거예요. 이름을 불러줄 사람도, 그 이름을 기억하는 생물도 없을 테니까요.

C 생각해보니 이 세계 자체는 사람들이 붙인 이름과 아무 관련도 없는 거 같더구나. 다 인간의 필요에 의해 생겨난 것들뿐이니까.

M 그렇지만 우리가 하나의 생명체로서 소통하며 살아가려면 이름은 필요할 수밖에 없어요.

C 그런 의미에서 이름이라는 걸 잘 만들고 기억하고 사용해야겠지?

M 그래서 '이름이 없는 숲'으로 앨리스를 보내셨군요. 이름을 잘 기억해야 한다는 깨달음을 주시려구요.

C 그 숲은 여덟 번째 칸으로 가는 유일한 길이야. 거길 통하지 않고는 다음 단계로 갈 수가 없지.

M 통로를 유일하게 만드시다니…
이름에 대한 이야기를 꼭 하고 싶

으셨군요.

C 이름에 대한 이야기는 아직 안 끝났단다.

하고 싶은 얘기가 하나 더 있거든.

M 그게 뭔데요?

C 이름의 의미! 그것도 중요하지.

M 이름의 의미요?

C 그 얘기는 내일 험프티 덤프티를 만나서 하도록 하고, 4장을 읽

어보자.

4장. 트위들덤과 트위들디

그들은 나무 아래에서 서로의 목에 팔을 두르고 서 있었는데, 앨리스는 누

가 누구인지 금방 알 수 있었다. 한 명의 옷깃에는 '덤(DUM)', 다른 한 명의

옷깃에는 '디(DEE)'라고 수놓아져 있었기 때문이다. "아마도 옷깃 뒤쪽에는

'트위들(TWEEDLE)'이라고 수놓아져 있을 거야'라고 앨리스는 중얼거렸다.

그 둘이 어찌나 꼼짝 않고 가만히 서 있었던지 앨리스는…

캐럴 선생님이 책을 읽는 동안 마르코는 트위들덤과 트위들디를 그린 테니얼의 삽화를 물끄러미 바라본다. 그리고 손가락으로 그 둘 사이에 선을 하나 그어본다. 옷깃에 글씨만 없다면 누가 누구인지 구분하기힘들 정도로 닮은 두 사람. 마르코는 공처럼 뽈록 튀어나온 배가 참 귀엽다는 생각을 한다.

M 트위들 형제 캐릭터가 너무 재밌네요.

C 트위들덤과 트위들디는 영국 아이들에게 아주 익숙한 캐릭터야.
앨리스가 따라 불렀던 오래된 노래 가사에서도 나오거든.

M 아하! 그렇군요. 삽화를 보면서 제가 가운데 선을 그어봤는데,
반으로 접으면 접힐 것처럼 정말로 똑같이 생겼어요. 거울 나라답게 두 사람의 모습을 대칭이 되게 그렸나 봐요.

C 악수하는 장면도 상상해봤니? 트위들 형제가 앨리스와 악수를하기 위해 오른손과 왼손을 각각 내미는 모습 말이야. 그 모습도삽화로 그렸다면 양쪽을 대칭이 되게 그려야 했을 거야. 하나의원이 되도록 둥글게 말이지. 그러다 보면 앨리스와 트위들 형제는 춤을 추게 되겠지. 둥그렇게 원을 그리면서.

M 악수를 하다가 춤을 추는 상상을 하시다니 참 엉뚱하시네요.
두 사람의 대화도 너무 웃겨요. 서로의 말을 반대로 따라 하잖아

요. '반대로'를 외치면서요.

C 나름 논리적으로 말하려고 노력하는 친구들이야. 한번 볼래?

"나는 네가 무슨 생각을 하는지 알아." 트위들덤이 말했다. "하지만 절대로 그렇지 않아."

"반대로," 트위들디가 계속했다. "**만약 그랬다면 그럴 거야. 그리고 만약 그 랬었다면 그랬을 거야. 하지만 그렇지 않으니까 그렇지 않은 거야. 그게 논리 야.**"

M 이게 도대체 무슨 말이에요. '그랬다면 그럴 거야, 그랬었다면 그 랬을 거야, 그렇지 않으니까 그렇지 않아.' 모두 당연하고 같은 말 아니에요?

C 그게 논리라잖아. 논리적 허점을 안 보이려고 나름 노력하고 있 는걸.

M 노력은 모르겠고 그냥 웃겨요.

저런 대화가 도대체 무슨 의미가 있죠?

C 그래서 앨리스도 빨리 그 숲을 벗어나려고 길을 묻잖니.

M 문제는 트위들덤과 트위들디가 앨리스 말을 잘 안 듣는다는 거 예요. 자기들 하고 싶은 얘기만 하면서 말이죠.

게다가 떠나고 싶은 앨리스를 붙잡아두려고 엄청엄청 긴 시를 외우게 하잖아요. 완전 못됐어요.

C　트위들 형제가 있는 곳까지 힘들게 왔는데 뭔가 한 가지는 생각

　　해보고 가야지.

M　아… 선생님도 빅토리아식 사고에서 벗어나지를 못하시는군요.

　　공작부인처럼 교훈을 찾고 가라는 말씀이신 거죠?

C　교훈을 찾는다기보다 그냥 생각을 하면 좋잖아.

　　여길 봐라. 뭔가 생각할 거리가 있을 테니까.

꿈속에서 꿈을 꾸다

"꿈을 꾸고 있어. 무슨 꿈을 꾸고 있는 거 같니?" 트위들디가 말했다.

"그걸 누가 알아요." 앨리스가 대답했다.

"왜 몰라, **바로 너에 대한 꿈이라구!**" 트위들디가 당당하게 손뼉을 치며 외

쳤다. "그럼 왕이 너에 대한 꿈을 다 꾸고 나면 너는 어디에 있을 것 같니?"

"그야 물론 지금 제가 있는 곳이죠." 앨리스가 말했다.

"틀렸어!" 트위들디가 거만하게 반박했다. "너는 어디에도 없을 거야. 왜냐

구? 너는 그의 꿈속에만 존재하니까."

"왕이 깨어나면, 너는 **획~ 사라질 거야. 촛불처럼 꺼지는 거지.**" 트위들덤

이 거들었다.

"아니에요!" 앨리스는 분해서 소리쳤다. "**만약 내가 왕의 꿈에서만 존재한

다면, 당신들은 뭐죠? 대답해봐요.**"

M 꿈속의 꿈? 하긴 저도 어제 꿈속에서 꿈을 꿨었어요.

C 꿈속에서 꿈을 꿀 때, 그게 꿈이라는 걸 알았니?

M 음… 꿈인 줄 몰랐던 거 같아요.

C 그렇다면 저 이야기에서는 누가 누구의 꿈을 꾸는 걸까? 트위들 형제의 말처럼 붉은 왕이 앨리스에 대한 꿈을 꾸는 걸까? 아니면 앨리스가 잠자고 있는 붉은 왕에 대한 꿈을 꾸는 걸까?

M 앨리스의 꿈에서 붉은 왕이 꿈을 꾸고 있는 거 아닐까요?

C 붉은 왕이 앨리스에 대한 꿈을 꾸고 있다잖니. 그렇다면 앨리스의 꿈에서 붉은 왕이 다시 앨리스에 대한 꿈을 꾸고 있는 건가?

M 아~ 돌고 도는 것 같은 이 느낌은 뭐죠?

'닭이 먼저냐 달걀이 먼저냐'와 같은 논쟁처럼 들려요. 누가 먼저 시작한 꿈이든 서로가 서로의 꿈을 꾸고 있다면 그 꿈의 끝은 없는 거 아닐까요? 거울로 거울을 비추면 거울 안에 거울이 있고 또 그 거울 안에 거울이 있고 하면서 무한히 반복되는 것처럼요.

C 앨리스의 꿈속에 왕의 꿈이 있고, 또 그 왕의 꿈 안에 앨리스가 꿈을 꾸고 있는 것이 계속 반복된다는 거구나.

M 그런 거죠. 우주를 멀리서 들여다보면 은하계가 보이는데, 그 은하계를 확대하고 또 확대해도 같은 모양의 은하계가 계속 보이는 것처럼요.

기왕 아는 척하는 김에… 그런 걸 프랙털(fractal)이라고 한대요.

C 프랙털? 처음 들어보는 거 같은데?

M 1970년대에 나온 이론이라고 들었어요.

그러니까 선생님은 당연히 처음 들어보실 수밖에요.

C 조금 더 설명을 해보겠니?

M 저도 잘 아는 건 아니라서 간단히 말씀드리자면, 프랙털은 전체와 부분이 똑같은 모양을 하고 있는 거예요.

C 부분을 확대해도 전체와 같다는 말이구나.

네가 아까 예를 든 우주처럼 말이지.

M 네, 맞아요. 브로콜리나 고사리 이파리, 번개의 모습 같은 것들도 모두 프랙털 모양이라고 할 수 있어요.

C 거참 신기하고 재미있는 이론이구나.

M 저는 프랙털 같은 이론을 모르고서도 저런 이야기를 만들어내신 선생님이 더 신기한데요?

C 꿈속에서 꿈을 꾸는 거야 누구든 생각할 수 있는 거 아니겠니?

M 그런데 왕이 꿈에서 깨어났을 때 앨리스가 어떻게 될 거 같냐는 질문은 아무나 할 수 있는 게 아니에요.

C 그런가? 어떻게 될 거 같니? 앨리스 말이야.

왕이 꿈에서 깨어나면 앨리스는 사라질까? 사라지지 않을까?

M 앨리스는 주인공이니까 당연히 사라지지 않겠죠.

C 나는 논리로 질문을 했는데, 너는 동화 같은 대답을 하는구나.

M 그런데 왜 하필 트위들덤은 '촛불'이라는 단어를 끄집어내서 앨리스의 화를 돋웠을까요? 트위들 형제는 『이상한 나라의 앨리스』에서 앨리스가 촛불처럼 사라질까봐 걱정했다는 걸 몰랐던 모양이에요.

C 그러게 말이다. 그 단어 때문에 아주 호되게 당하고 있구나.

M 앨리스는 정말 똑똑하고 당돌한 거 같아요.

프랙털 모양의 식물과 우주

맞받아치는 대답들을 보면 속이 다 후련해진다니까요.

C 그럼 다음 장으로 넘어가볼까?

M 네. 이번엔 제가 읽을 차례예요.

5장. 양털과 물

앨리스는 그렇게 말을 하면서 숄을 붙잡았고 주인을 찾아 이리저리 둘러보았다. 잠시 후 하얀 여왕이 마치 하늘을 나는 것처럼 두 팔을 활짝 벌리고 거칠게 숲에서 달려 나왔다. 앨리스는 숄을 들고 매우 정중하게 여왕에게 다가갔다.

"마침 제가 여기 있어서 다행이에요." 여왕이 다시 숄을 걸치도록 도와주며 앨리스가 말했다. 하얀 여왕은 기운 없고 겁에 질린 듯한 얼굴로…

'도대체 이번 칸은 어떤 규칙이 있는 건가?' 마르코는 읽으면서도 어리둥절하다. 시간을 거꾸로 산다는 이야기도 그렇고, 하얀 여왕의 나이가 백 살이 넘었다는 말도 믿기 어렵다. 그리고 가게 안에 있는 양으로 뜬금없이 변한 하얀 여왕. 도대체 가게는 왜 또 배로 변하는 거지?

말장난일까? 논리일까?

M 이번 내용은 유난히 어지럽네요. 너무 비비 꼬신 거 아닌가요?

C 거꾸로 산다는 규칙이 너무 어려운가?

M 규칙도 규칙인데, 상황도 너무 자주 바뀌는 거 같았어요.

　　여왕이 양이 되고, 가게가 배가 되고, 그 배가 다시 또 가게가 되고.

C 말도 좀 어려웠을 거 같구나. 말장난을 신나게 쳤거든.

M 맞아요. 여기 이 말 좀 보세요.

"너라면 기꺼이 채용하마!" 여왕이 말했다. "일주일에 2펜스, 그리고 **이틀에 한 번 잼**을 주겠어."

앨리스가 웃으며 말했다. "저는 하녀가 될 생각이 없어요. 그리고 저는 잼도 좋아하지 않는걸요."

"아주 좋은 잼이야." 여왕이 말했다.

"어쨌든 오늘은 잼을 별로 먹고 싶지 않아요."

"먹고 싶어도 먹을 수가 없지. 그게 **규칙이거든**. 내일 잼, 그리고 어제 잼은 있지만 오늘 잼은 결코 없어." 여왕이 말했다.

"하지만 언젠가는 '오늘 잼'이 올 수밖에 없잖아요." 앨리스가 반박했다.

"아니, 그럴 수 없어. 그건 **이틀에 한 번 잼이거든**. 너도 알다시피 오늘은 **어제나 내일이 아니잖니**." 여왕이 말했다.

M 이틀에 한 번 잼을 주겠다는 말은 이해하겠어요.

그런데 내일 잼, 어제 잼은 있지만 오늘 잼은 결코 없다니요.

C 말 그대로 오늘은 잼이 없다는 말이지.

M 그러면 하루가 지나서 내일이 오늘이 되면요?

C 그럼 또 오늘 잼이 없겠지?

M 아니, 이틀에 한 번 잼을 주기로 했고, 오늘 잼을 안 줬으니까 내일은 줘야 하는 거 아니에요?

C 여왕님의 규칙이 그거잖니.

어제 잼, 내일 잼은 있다. 그러나 오늘 잼은 없다.

M 그건 결국 안 주겠다는 말이잖아요. 완전 사기예요.

C 사기가 아니라 논리지.

M 논리를 이용한 사기죠.

C 우리 싸우지 말자꾸나. 저 얘기를 읽으면서 말의 논리가 얼마나 중요한지 알 수 있지 않겠니?

M 아뇨, 말의 의미나 맥락보다 단어 자체만 가지고 해석하면 얼마나 위험한지 알 거 같아요.

C 어쨌거나 뭐든 배울 수 있었으니 좋은 걸로 하고 넘어가자꾸나.

M (혼잣말로) 하여간 얼렁뚱땅 넘어가시는 데는 일등이라니까.

C 흠흠! 들었지만 못 들은 걸로 하고, 이어지는 내용을 한번 보자.

기억이 양쪽으로 흐르는 나라

"그게 바로 거꾸로 살기 효과란다." 여왕이 친절하게 말했다. "처음에는 다들 어지러워하지."

"거꾸로 산다구요!" 앨리스는 너무 놀라 소리쳤다. "저는 그런 얘기를 들어본 적이 없어요."

"하지만 거기엔 아주 큰 장점이 있단다. **기억이 양쪽으로 작용한다는 거지.**"

"제 기억은 확실히 한쪽으로만 작용해요. 저는 어떤 일이 일어나기 전에는 그걸 기억할 수가 없어요." 앨리스가 말했다.

"기억이 뒤로만 작용한다니 정말 형편없구나." 여왕이 말했다.

"가장 기억에 남는 건 뭐였어요?" 앨리스가 용기를 내어 물었다.

"오, 그건 바로 **다음 주에 일어난 일**이구나." 여왕이 무심히 대답했다.

여왕은 손가락에 커다란 반창고를 붙이며 계속해서 말을 했다. "예를 들어, 지금 **왕의 심부름꾼**이 감옥에 갇혀 있어. 벌을 받으면서 말이야. 재판은 다음 주 수요일이나 되어야 열릴 거야. 당연한 말이지만 죄는 맨 나중에 짓는 거야."

"만약 그 사람이 죄를 짓지 않으면요?" 앨리스가 말했다.

"그러면 더 좋은 거지. 그렇지?" 여왕이 반창고에 리본을 두르며 말했다.

앨리스는 그 말을 부정할 수가 없었다. "물론 그게 더 좋죠. 하지만 그가 벌을 받는 건 좋은 게 아니잖아요."

M 선생님이 점점 이상하게 보여요.
   도대체 평소에 무슨 생각을 하시는 거죠?

C 첫날 말해주지 않았니. 거꾸로 하는 걸 즐긴다고.

M 일어나자마자 침대로 되돌아가는 거요?
   그거랑 저 얘기는 완전 다르잖아요.

C 뭐가 다르다는 거지?

M 저기서는 미래에 일어날 일을 미리 알고 그다음에 일어날 일을
   거꾸로 되돌려서 하고 있잖아요.

C 이해할 수 있겠니?

M 솔직히 어려워요. 어떻게 사람의 기억이 양쪽으로 작용해요?
   미래를 알면 지금의 제 행동을 고칠 수도 있는 거잖아요.

C 그래서 고치면 더 좋은 거잖니.

M 고치면 벌을 받지 말아야 하잖아요.

C 그런데 그 벌을 받지 않으면 그 죄를 다시 저지를 텐데?

M 아~ 정말 뭐가 뭔지 모르겠네요.

C 사실 우리가 저런 세상을 상상하거나 이해하는 것은 어렵단다.
   3차원에 살면서 4차원을 상상하는 것과 같은 거니까.

M 어! 저 기억났어요.

C 뭐가 말이냐?

M 예전에 〈마이너리티 리포트〉라는 영화를 봤거든요. 그 내용이 바로 저런 거였어요. 범죄가 없는 도시를 꿈꾸는 어떤 사람이 미래를 보는 사람들을 데려다가 아직 일어나지 않은 범죄를 미리 알고 막는다는 내용이었어요.

C 그런 영화가 있다구? 그래서 어떻게 됐는데?

M 주인공인 경찰이 미래의 범죄자로 예언이 되어서 쫓고 쫓기는데, 그러다가 그만…

C 그만 뭐?

M 범죄를 저지르지 않았다는 내용이죠. 하하하~

C 그래? 원래 저질렀어야 할 범죄를 저지르지 않았다구?

M 네. 미래를 알면 현재의 선택을 바꿀 수 있고, 그래서 다른 삶을 살 수 있다는 얘기예요.

C 흠… 미래를 알고 있을 때 그걸 바꾸면 세상이 무척 혼란스러워질 텐데… 내 생각에 일어날 일은 결국 일어나야만 할 거 같거든.

M 그 영화에서는 사람이 만든 예언 시스템은 결국 불완전할 수밖에 없다는 얘기로 끝나요. 시작부터 딜레마를 안고 만든 시스템이었거든요. 그런데 정말 저런 세상이 있다면 어떨지 무척 궁금하네요.

그리고 참! 믿을 수 없는 내용은 또 있었어요.

하얀 여왕의 나이는 101살 5달 1일

"나도 기뻐하는 방식을 기억해냈으면 좋겠구나!" 여왕이 말했다. "너는 이 숲에 살면서 언제든 기뻐할 수 있으니 정말 행복하겠구나!"

"여기서 저는 정말 외로운데요!" 앨리스가 슬픈 목소리로 말했다. 외롭다는 생각이 들자 커다란 눈물 두 방울이 앨리스의 볼을 따라 흘러내렸다.

"오, 그러면 안 돼!" 여왕은 어쩔 줄 몰라 손을 비비며 울부짖었다. "네가 얼마나 대단한 여자아이인지 생각해보렴. 오늘 얼마나 먼 길을 왔는지도 생각 해봐. 지금이 몇 시인지 생각해볼까. 뭐든 생각을 해보자. 울지 않게 말이야!"

앨리스는 우는 와중에도 그 말을 들으니 웃음이 터져 나오는 걸 참을 수 없 었다. "여왕님은 그런 생각을 하면 울음을 멈출 수 있나요?" 앨리스가 물었다.

"그렇게 되지." 여왕은 단호하게 말했다. "너도 알다시피 **어느 누구도 한 번 에 두 가지 일을 할 수는 없거든.** 네 나이를 생각하는 것으로 시작해보자꾸나. 몇 살이지?"

"일곱 살 반이에요. 정확히."

"'정확히'라고 말할 필요 없단다." 여왕이 말했다. "그런 말을 안 해도 나는 믿을 수 있거든. 이번에는 너에게 믿을 만한 사실을 알려주마. **나는 백한 살하 고도, 다섯 달 하루를 더 살았지.**"

"믿을 수 없어요!" 앨리스가 말했다.

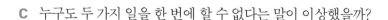

C 누구도 두 가지 일을 한 번에 할 수 없다는 말이 이상했을까?

M 아뇨. 여왕의 나이가 백한 살하고도 다섯 달 하루를 더 살았다는 부분이 이상했어요.

C 그럴 수도 있지 않니? 요즘은 백 살이 넘어도 살 수 있다고 하던데.

M 지금은 그렇지만 선생님이 살던 시대에는 평균 수명이 길지 않았잖아요. 게다가 자신의 나이를 날짜까지 정확하게 세고 있다는 게 뭔가 수상했어요.

C 꼭 탐정 같은 말을 하는구나.

M 여기 뭔가 있죠? 냄새가 폴폴 나요.

C 이거 원~ 무서워서. 아무래도 몇 가지 정보를 던져줘야겠구나. 여왕의 나이를 날짜로 계산해보면 내 의도를 알 수 있을 거다. 그러려면 윤년과 윤달을 먼저 알아야 하지.

M 그게 무슨 정보예요. 저에게 강의를 하셔도 모자랄 판에요.

C 그래? 그렇다면 일단 윤년과 윤달에 대한 건 가르쳐주마. 어려우니까 정신 바짝 차리고 들어야 해.

M 네. 최대한 쉽게 설명해주세요.

C 먼저, 태양력이 뭔지는 알지?

M 태양의 움직임을 보며 만든 달력 아니에요?

C 그렇지. 1년을 365일로 정하고 있잖니. 그런데 사실 태양력으로 1년은 365일이 아니란다. 365.242199일 정도 되지. 대략 365.25일이라고 치면 4년이 지났을 때 하루가 남겠지?

M 그러면 4년마다 1년을 366일로 하면 되겠네요.

C 그게 바로 윤년이란다. 4년마다 한 번씩 달력의 2월달에 29일을 넣는 거지. 그런데 그게 끝이 아니야. 잘 보면 365.25일과

365.242199일 사이에서도 차이가 나지 않니?

M 약 0.0078 정도 되겠네요.

C 그 날짜도 무시할 수 없는 크기야. 지금 보면 엄청나게 작은 시간인 거 같지만 그게 쌓이고 쌓여서 천 년, 2천 년이 되면 계절을 바꿀 수도 있어.

M 그럼 어떻게 해요?

C 그래서 이렇게 하기로 약속했지. 4로 나누어떨어지는 해를 윤년이라고 하되, 그중에서도 100으로 나누어떨어지는 해는 윤년이 아니라 평년으로 하고, 또 100으로 나누어떨어져도 400으로 나누어떨어지면 다시 윤년으로 하기로 한 거야.

M 어이쿠, 정말 복잡하네요.

C 복잡해 보이지만 어쩔 수 없단다. 지구의 공전 주기에 1년의 일수를 맞추려면 그 방법이 최선이거든.

M 그런데 그게 왜 힌트인 거예요?
  그것만 가지고는 여왕님 나이를 날짜로 못 구할 거 같은데요?

C 그럼 진짜 힌트를 주마. 앨리스의 생일은 1852년 5월 4일이야. 앨리스가 여왕님과 이야기를 나누던 날은 그로부터 정확히 7년 6개월 후인 1859년 11월 4일이고. 하얀 여왕과 붉은 여왕이 모두 각각 101년 5개월 1일을 살았다고 할 때, 두 여왕이 살아온 날을 모두 더하면 된단다.

M (주저앉으며) 그걸 계산하라구요? 말도 안 돼.

C 힌트 하나를 더 주자면 여왕님들의 생일은 1758년 6월 3일이란다.

M 숫자와 숫자와 숫자들… 듣기만 해도 머리가 핑핑 돌아요.

C 그러지 말고 천천히 계산해보렴. 시간을 충분히 줄 테니.

마르코는 천천히 종이 위에 캐럴 선생님이 알려준 정보들을 정리한다. 그리고 윤년과 평년을 따져가며 계산을 시작한다. 한참을 끙끙거리던 마르코. 그럭저럭 답이 나오는 것 같아 선생님을 부른다.

M 대충 나온 거 같은데 맞는지 봐주세요.
C 그래 어디 보자.
M 먼저, 선생님이 말씀하신 조건을 정리하고 시작하는 게 좋겠어요. 숫자들이 너무 많아서 헷갈리니까요.
C 문제를 풀기 전에 조건을 정리하는 건 좋은 습관이지.
M 간단히 쓰면 이렇게 돼요.

윤년 : 4의 배수인 해 (단, 100의 배수인 해는 제외, 400의 배수인 해는 포함)

평년 : 4의 배수가 아닌 해, 100의 배수인 해 (단, 400의 배수인 해는 제외)

여왕의 생일 : 1758년 6월 3일

앨리스의 생일 : 1852년 5월 4일

대화를 나눈 날 : 1859년 11월 4일

C 아주 깔끔하구나.
M 정리를 해놓고 보니 좀 이해가 되더라구요. 대화를 나눈 날이 왜 1859년 11월 4일이고 여왕의 생일이 왜 1758년 6월 3일인지요.
C 앨리스의 생일만 힌트로 줘도 될 뻔했구나.

M 맞아요. 앨리스의 생일만 알면 다 구할 수 있었어요. 대화를 나눈 날은 앨리스가 정확하게 일곱 살 반(7년 6개월)이 되는 날이니까요. 그리고 여왕은 대화를 나눈 날부터 정확히 101년 5개월 1일 전에 태어난 거구요.

C 그럼 계산 과정을 들어볼까?

M 여왕의 나이를 날짜로 계산하라고 하셨잖아요. 101살 5개월 1일 중에 먼저 101년에 해당하는 날짜를 계산할게요.

C 윤년과 평년을 잘 구분해서 세야겠구나.

M 그게 엄청 중요해요. 처음에는 101년이니까 그냥 4로 나눠서 25번이 있을 거라고 생각했거든요. 그런데 25번에 해당하는 연도들을 다 써넣고 보니까 그중에 윤년이 아닌 해가 있더라구요.

C 그걸 다 써봤다구?

M 네. 1760년부터 1856년까지 4씩 커지도록 쓰면 되거든요.

그중에 1800년은 평년이에요.

1800이라는 숫자는 4의 배수면서 동시에 100의 배수잖아요.

그런데 400의 배수는 아니니까 평년인 거죠.

C 그렇다면 윤년인 해가 24번 있었다는 얘기구나.

M 101년 중에 윤년이 24번 있었으니까 평년은 77번이었고, 날짜를 계산해보면 이렇게 돼요.

평년 : 77년 × 365일 = 28,105일

윤년 : 24년 × 366일 = 8,784일

총 101년   = 36,889일

C 그럼 이번에는 5개월에 해당하는 날짜를 계산해야겠구나.

M 네. 먼저 5개월이 언제인지를 알아야 해요. 달마다 날짜가 다르니까요. 보니까 5개월은 여왕의 생일인 6월 3일부터 11월 3일까지예요. 이때 11월 3일을 포함해서 계산하면 이렇게 돼요.

6월 3일 ~ 30일 : 28일

7월 : 31일

8월 : 31일

9월 : 30일

10월 : 31일

11월 1일 ~ 3일 : 3일

총 154일

C 거의 다 됐구나. 이제 마지막 하루를 더해서 2를 곱하면 되겠는데?

M 맞아요. 다 더한 다음 2를 곱하면 정답이 이렇게 나와요.

(연 36,889일 + 월 154일 + 일 1일) × 2명 = 74,088일

C (박수를 치며) 아주 잘했구나.

M 휴… 정말 힘들었어요.

그런데 저 숫자가 뭐예요? 저 숫자 안에 도대체 뭐가 있는 거죠?

C 글쎄다. 내가 좀 피곤해서 오늘은 여기까지 하고 싶구나.

M (화를 내며) 네? 실컷 계산하라고 해놓고 이렇게 끝내면 어떡해요.

C 궁금하면 잠이 안 올 때 찬찬히 연구해보면 되지.

숫자들을 이리저리 해부해보면 퍽 재미있거든.

M (지쳐 쇼파에 드러누우며) 정말 너무하시네요.

C 그럼 난 이만 나가봐야겠다. 가야 할 곳이 있어서.

M 저 혼자 두고요?

C 심심하면 밖에 있는 자전거라도 타고 한 바퀴 돌아보렴.
　　다른 사람들과 부딪히지 않게 조심하고.

　　마르코는 자전거를 집어 타고 옥스퍼드 시내 구석구석을 돌아본다.
생각 없이 달려서 그런지 아니면 바람이 상쾌해서 그런지 모르겠지만
지끈거리던 머리도 한결 가벼워진다. 관광객과 학생과 주민들이 한데
뒤엉켜 있지만 한눈에 봐도 누가 관광객인지, 누가 학생인지 알 것 같다.
그렇다면 자전거를 타고 옥스퍼드의 골목을 누비고 있는 나의 모습은
혹시? 마르코는 자신의 모습이 옥스퍼드 대학생처럼 보일지도 모른다
는 생각에 괜히 우쭐해진다.

앨리스 가게 속
험프티 덤프티

TICKET

'74,088 나누기 2는 37,044, 다시 또 나누기 2는 18,522, 그리고 또…'

마르코는 벌써 몇 장째 숫자로 가득 찬 종이뭉치를 휴지통에 던져넣고 있다.

'숫자들을 이리저리 해부해보면 퍽 재미있거든.'

캐럴 선생님의 말씀이 귓가를 왱왱 떠돌아서 도대체 다른 일을 할 수가 없다. 꼭 해내고야 말리라는 각오로 계속해서 펜을 놀리는 마르코.

'분명 소인수분해야. 숫자를 해부한다는 게 그런 의미 아니겠어? 다시 한번 해보자. 뭔가 있을 거야.'

입술을 앙다물고 계산에 빠져 있던 그때, 마르코를 당황스럽게 하는 수가 등장한다. 과연 이 숫자는 소수인가, 합성수인가. 계산에 지친 마르코는 갈등한다. 포기할 것인지, 아니면 캐럴 선생님을 귀찮게 할 것인지를 두고.

M (조심스럽게) 캐럴 선생님, 안녕히 주무셨습니까.

C (힐끔 쳐다보며) 어쩐 일로 그렇게 공손히 아침 인사를 다 하냐?

M 그동안 제가 아침 인사를 안 드렸나요?

C 난 한 번도 받아본 적이 없는데?

M 어이쿠, 제가 정말 잘못했네요. 다시 한번 허리 숙여 인사드립니다.

C 하하! 옆구리 찔러 절 받는 기분이구나. 갑자기 그렇게 공손해지는 걸 보니 뭔가 아쉬운 게 있는 모양인데?

M 어! 어떻게 아셨어요?

어제 여왕님들 나이를 날짜로 바꾸고 나서 안 알려주셨잖아요.

그 숫자에 도대체 뭐가 있는 건지.

C 그야 내가 좀 바빴으니까 그렇지.

M 오늘 아침에는 시간이 좀 있으신가요?

C 글쎄. 갈 데가 있긴 한데 얼른 말해봐라.

M (종이를 내밀며) 제가 계산을 해봤거든요. 선생님께서 숫자들을 해부해보라고 하신 게 왠지 힌트 같아서 소인수분해를 해봤어요.

74088을 소인수분해 하면

C 소인수분해를 아니?

M 네. 학교에서 배웠어요. 해보니까 이렇게 되더라구요.

2	74088
2	37044
2	18522
3	9261
3	3087
3	1029
	343

C 아직 안 끝난 거 같은데?

M 저도 그런 거 같아서 더 해보고 싶었는데 343을 뭘로 나눠야 할지 모르겠더라구요.

C 시간이 없었던 걸까? 아니면 요령껏 하고 싶었던 걸까?

M 아침에 하다 보니 시간이 없긴 했는데 요령껏 하려는 마음은 없었습니다.

C 그랬으면 일일이 나눠보지 그랬냐? 2부터 시작해서 쭉~

M 에이~ 2는 아니죠. 끝자리가 홀수잖아요.

C 2의 배수인지 아닌지는 알고 있고.

그럼 3으로도 나눠보지 그랬니?

M 3도 아니에요. 왜냐하면 3으로 나누어떨어지려면 각 자리의 숫자의 합이 3의 배수가 되어야 하거든요.

그런데 $3+4+3=10$이라서 3의 배수가 아니에요.

C 3의 배수 판정법도 아는구나.

M 그 방법을 몰랐다면 저는 아마 9261을 나누는 단계부터 막혔을 거예요. 다행히 $9+2+6+1=18$이고, 18은 3의 배수니까 3으로 나누어떨어진다는 걸 알았거든요. 그러니까 9261은 3의 배수인 거죠.

C 5의 배수가 아닌 것도 알겠지? 끝자리가 0이나 5가 아니니까.

M 그런데 정말 그렇게 일일이 나눠보는 방법밖에는 없는 거예요?

C 저 숫자가 어떤 수의 배수인지 판단하는 방법을 알면 되긴 하지.

M 그런 방법이 있으면 알고 싶어요.

C 결국 요령껏 하고 싶다는 말이었구나.

M 요령이라기보다 지혜죠. 하하하.

C 그럼 이렇게 해보겠니?

343에서 일의 자리를 두 배 한 다음, 앞의 두 자리에서 빼봐라.

M 일의 자리는 3이니까 두 배 하면 6이고, 그걸 앞의 두 자리 34에서 빼면 28이네요.

C 28은 어떤 소수로 나누어떨어지니?

M 소수요? 2랑 7이죠.

C 그런데 343은 끝자리가 홀수니까 2로는 나누어떨어지지 않겠지?

M 그럼 7로 나누어떨어진다는 말씀이신가요? 잠깐만요.

2	74088
2	37044
2	18522
3	9261
3	3087
3	1029
7	343
7	49
	7

M 어! 7로 나누어떨어지는 수였군요. 인내심을 갖고 무작정 해봤어도 찾긴 찾았겠어요. 그런데 지금 알려주신 이 방법은 뭐예요?

C 뭐긴 뭐냐. 7의 배수를 찾는 방법이지.

M 일의 자리를 두 배 한 다음, 앞의 자리에서 뺐을 때 그 수가 7의

배수면 전체 수가 7의 배수라구요?

C 그렇다니까.

M 와~ 7의 배수 찾는 법이 있는 줄은 몰랐어요.

C 이제 됐냐?

M 아니요. 이제 저 숫자에 어떤 의미가 있는지를 생각해봐야 해요. 여왕의 나이를 날짜로 계산한 숫자 74,088 안에는 2, 3, 7이 각각 세 번씩 들어 있잖아요. 그걸 거듭제곱을 사용해서 나타내면 이렇게 되겠네요.

$$74,088 = 2^3 \times 3^3 \times 7^3 = 42^3$$

C 거듭제곱으로도 나타낼 줄 알면 거의 다 끝난 거 같은데?

M 아! 알았어요. 42예요.

C 뭐라구?

M 여왕의 나이에는 42란 숫자가 들어 있는 거라구요. 42란 숫자가 지금까지 꽤 여러 번 나왔잖아요. 앨리스가 구구단을 외우다가 막힌 곳이 42진법이었어요. 『이상한 나라의 앨리스』에서 왕이 말한 규칙도 제42항이었구요. 그 안에 들어간 테니얼의 삽화 역시 42개였어요.

C 또 있다고 했던 거 같은데?

M 확실하진 않지만 정원사 카드들의 숫자 2, 5, 7도 42랑 관계가 있었던 것 같아요. 앨리스 이야기가 총 24개의 장인 것도 뒤집으면 42가 됐구요.

C 42에 대한 얘기를 더 해줄까?

M 또 있어요?

C 내가 42세부터 쓰기 시작한 『스나크 사냥』이라는 책에도 규칙 제42항이 나오거든. 또, 42개의 상자에 이름까지 잘 써놓고도 이름을 써놨다는 사실을 까먹는 바람에 상자를 모두 잃어버린 사람의 이야기가 나온단다.

M 그 얘기도 재미있을 거 같네요. 찾아서 읽어봐야겠어요.

C 그럼 『판타스마고리아』도 같이 보거라. 거기에 마흔두 살이나 먹은 남자를 놀려먹다가 사라지는 집 귀신 이야기가 나오거든.

M 귀신 이야기도 쓰셨어요? 정말 이야기꾼이시네요.

C 너도 조금만 노력하면 그 정도의 이야기는 지어낼 수 있을걸?

M 그게 그렇게 쉬운 일이 아니에요.

여하간 여러 증거들로 미루어 보았을 때 여왕의 나이에 42란 숫자가 들어 있는 건 확실해요.

그렇다면 왜 42란 숫자를 그렇게 여기저기에 쓰신 거예요?

C 그야 내가 그 숫자를 좋아했으니까 그렇지.

M 그러니까 그 숫자를 왜 그렇게 좋아하셨냐구요.

C (자리에서 벌떡 일어나며) 어이쿠! 벌써 시간이 이렇게 되었구나.

M 네? 갑자기 시간은 왜 보세요?

C 내가 맛있는 차를 마시고 싶어서 예약해둔 곳이 있는데 너도 같이 가겠니?

M 어! 대답도 안 하시고 어딜 가세요. 선생님~ 선생님!

마르코는 휑하니 나가버리는 캐럴 선생님의 뒤를 허겁지겁 따라나선다. 빠른 걸음으로 휘적휘적 걸어가는 선생님의 큰 보폭은 정말이지 따라가기가 쉽지 않다. 그 와중에도 마르코는 자꾸만 말을 돌리시는 선생님의 모습이 3월 토끼나 가짜 거북이처럼 귀엽다는 생각을 한다.

수학도 성장한다, 살아 있는 생명체처럼

M (눈이 휘둥그레지며) 우와~ 굉장한데요! 이게 다 뭐예요?

C 뭐긴 뭐냐. 애프터눈 티지.

M 말로만 듣던 영국의 차 문화를 오늘 드디어 체험하는군요.

C 원래는 오후 3시에서 5시 사이에 차와 함께 먹는 간단한 식사를 말하거든. 그런데 오늘은 오전인데도 준비를 해달라고 특별히 부탁했다. 책을 읽으면서 차를 마시면 좋을 거 같아서 말이지.

M 아침을 조금밖에 안 먹어서 배가 고프던 참인데 정말 잘됐네요. 생각해보니 엄청 바쁘셨을 거 같아요. 학생들 가르쳐야지, 사진도 찍으셔야지, 문화생활 하러 런던도 가셔야지, 또 거기다가 앨리스 책도 쓰셔야지. 어떻게 그 많은 일을 다 해요?

C 그뿐이냐? 교수니까 연구도 해야 하고 학교 일도 해야 하지.

M 아… 그건 한 사람이 할 수 있는 일이 아닌데요.
분명 어딘가에 허술한 면이 있으셨을 거예요.

C 글쎄. 나로서는 모든 일에 최선을 다한 거 같은데? 학술회의나 강의도 성실히 준비했고 대학의 행정 업무도 까다롭다는 소리를 들을 만큼 열심히 했으니까.

M (혼잣말로) 이상하다. 사람이 그렇게 완벽할 수는 없는 건데…

C 별로 유명하진 않지만 책도 몇 권 썼지.『유클리드의 초기 저서 두 권에 관한 해석』이나『평면 기하학 입문서』 같은 것들 말이야. 그리고 1879년도에는『유클리드와 현대의 맞수들』이라는 책도 썼구나.

M 유클리드의 맞수들요? 유클리드랑 대결하는 내용인가요?

C 척척 맞히는 걸 보니 내가 제목을 아주 잘 지었는걸. 바로 그런 내용이다. 당시에 비유클리드 기하학이라는 새로운 이론을 주장하는 사람들이 생겨났거든. 보여이(János Bolyai)와 로바체프스키(Nikolai Lobachevsky), 리만(Bernhard Riemann) 같은 사람들 말이야.

M 비유클리드 기하학이면 유클리드 기하학하고 다른 내용이 있겠네요.

C 그래. 유클리드 기하학에는 5개의 공준이라는 게 있거든. 그중에 마지막 다섯 번째가 '평행선 공준'이라는 거야. 어떤 직선이 있고 그 직선 밖에 점이 하나 있을 때, 그 한 점에서 직선과 평행하게 그을 수 있는 직선은 딱 하나뿐이라는 내용이지.

유클리드 기하학   쌍곡 기하학

M 그건 너무 당연한 얘기 아니에요? 어떻게 한 점에서 평행선을 여러 개 그어요?

C (무릎을 탁 치면서) 내 말이 그 말이야. 비유클리드 기하학에서는

그게 가능하다고 주장하더구나. 심지어 리만이라는 사람은 한 직선에 수직인 직선들은 모두 한 점에서 만난다고 그러던데.

M 한 직선에 대해 수직인 직선들은 모두 평행한 거 아니에요? 어떻게 평행한 선들이 모두 한 점에서 만나요? 말도 안 돼!

C 나도 그렇게 말했지. 그랬더니 우리가 살고 있는 구와 같은 세상을 상상해보라고 하더라구. 그 세계에서는 적도가 하나의 커다란 직선이고 그 직선으로부터 수직인 선들을 그으면 그 선들이 모두 북극이나 남극에서 만날 거라고 말이야.

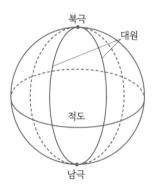

M 듣고 보니 그럴 수도 있겠다 싶지만…
하여튼 헷갈리고 받아들이기가 쉽진 않았겠어요.

C 유클리드 기하학을 믿고 지지해왔던 수학자들 입장에서는 황당하기 그지없는 주장이었지. 생각해봐라. 사람들은 유클리드 기하학을 2000년도 넘게 배워오고 있잖니. 네가 학교에서 배우는 교과서도 유클리드 기하학의 일부거든.

M 정말요? 제가 배우는 교과서에 유클리드 기하학이 있다구요?

C 그럼. 그런데 그 확실하고 명료한 수학적 기반이 통째로 흔들리고 있었던 거야. 그러니 내가 가만히 있을 수 있었겠니?

M 그래서 『유클리드와 현대의 맞수들』을 쓰신 거군요.

C 최대한 부드럽게 쓰려고 노력은 했단다. 유클리드 이론이 맞는 건지 틀린 건지를 가상의 독자와 대화하는 방식으로 썼으니까.

M 결론은 유클리드 기하학이 현대의 이론들보다 뛰어나다는 거였겠죠?

C 당연하지. 안 그래도 수학이 점점 형식화되어가고 있어서 심기가 불편한데, 유클리드 기하학까지 흔들려서야 되겠니?

M 그럼요, 그럼요.

C 그런데 듣자 하니 요즘엔 비유클리드 기하학도 수학의 한 분야가 되었다고 하더구나.

M 어! 그럼 유클리드 기하학은 어떻게 되는 건가요?
제가 배우고 있는 교과서는 또 어쩌구요?

C 유클리드 기하학도 맞고 비유클리드 기하학도 맞다고 하던데?

M 서로 상충하는 주장인데 둘 다 맞을 수 있어요?
비유클리드 기하학이 맞다고 해서 유클리드 기하학이 사라지는 게 아니었군요.

C 나도 그게 좀 신기하더구나.

M 다행이네요. 선생님이 굳건히 믿고 계시던 유클리드 기하학은 여전히 수학의 커다란 축으로 서 있는 거잖아요.

C 하여간 참 많은 논쟁이 있었던 시기였어.
그 속에서 나 같은 수학자들은 방황했었고.

M 그럼 이제 논쟁이 끝난 건가요?

C 끝나기는. 내가 모르는 새로운 수학이 또 등장했겠지.

수학자들은 갈팡질팡하며 새로운 논쟁을 하고 있을 테고.

M 수학도 살아 움직이는 생명체처럼 꿈틀거리며 발전하는군요.

저는 늘 교과서만 보고 정답이 있는 문제만 풀어서 화석처럼 굳어진 학문인 줄 알았거든요.

C 그렇지 않아. 수학도 다른 모든 것들처럼 변하고 있지.

배부르게 먹었으면 이제 슬슬 책을 읽어볼까?

오늘은 험프티 덤프티를 만나는 날이구나.

M 좋습니다. 그럼 제가 먼저 읽을게요.

6장
험프티 덤프티

그런데 그 알이 점점 커지면서 점점 사람처럼 변했다. 앨리스가 겨우 몇 미터 정도 떨어진 곳까지 가까이 가자 눈, 코, 입이 보였고, 더 가까이 다가가서 보니 그것은 바로 험프티 덤프티였다. "틀림없어!" 앨리스는 혼자서 중얼거렸다. "얼굴 전체에 이름을 써놓은 것만큼이나 확실한걸!" 그 거대한 얼굴에는 이름을 백 번도 더 쓸 수 있을 것 같았다. 험프티 덤프티는…

계란처럼 생긴 험프티 덤프티와의 대화는 앨리스를 당황스럽게 만들기에 충분해 보인다. 무례하고 잘난 체하고 거만한 데다가 허세까지 심한 험프티 덤프티. 마르코는 그런 상대 앞에서도 끝까지 평정심을 잃지 않는 앨리스가 대단하다고 생각한다.

이름에도 의미가 있다구?

M 이쯤 되니 저는 앨리스가 참 존경스럽습니다.

C 뜬금없이 뭐가 존경스럽다는 거냐?

M 무례하고 거만한 험프티 덤프티와 대화하면서도 앨리스가 화를 안 내잖아요.

C 화가 났지만 참은 거겠지. 빅토리아 시대의 아이들은 어른들에게 예의 바르게 굴어야 한다고 끊임없이 주입받으며 자랐거든.

M 그래도 험프티 덤프티는 참기 어려운 상대인 거 같아요.
   왕과 직접 말을 한 사이라면서 얼마나 잘난 체를 하고 허세를 부리는지 정말 봐줄 수가 없어요.

C 앨리스가 화가 난 게 아니라 네가 화가 난 거 같은데?

M 하여간 좀 너무했어요. 보세요.

"그런 식으로 혼자 떠들지 마." 험프티 덤프티가 처음으로 앨리스를 쳐다보며 말했다. "그런데 네 이름은 뭐고 여기에는 왜 온 거니?"

"제 이름은 앨리스예요. 그리고 저는…"

"정말 바보 같은 이름이군!" 험프티 덤프티가 성급히 끼어들었다. "그 이름은 무슨 뜻이지?"

"**이름에 무슨 의미가 있어야 하나요?**" 앨리스가 의아해하며 물었다.

"**당연히 그래야지!**" 험프티 덤프티가 짧게 웃으며 말했다. "내 이름은 내 생김새를 말해주지. 물론 아주 멋진 모습이라는 의미야. 너의 이름 같은 경우에는 어떤 모양이라도 상관없지."

M 앨리스에게 바보 같은 이름을 가졌다고 하고, 또 그 이름으로는 어떤 모양이든 상관없다고 함부로 말하잖아요.
정말 너무 예의가 없어요.

C 그런 상대를 만나면 어떻게 대해야 할 거 같으냐?

M 정말 싫지만 어쩔 수 없이 예의를 지키려고 노력은 해야겠죠?
상대방과 똑같은 사람이 될 수는 없으니까요.

C 그렇지. 그런데 네가 읽은 부분에서는 그거보다 더 중요한 게 있는 거 같은데?

M 더 중요한 거요?

C 말투만 보지 말고 말의 의미를 봐야지.
험프티 덤프티의 질문을 잘 생각해봐라.

M 이름에도 의미가 있어야 한다는 말요? 그런 게 어딨어요.

이름에 의미가 있을 수도 있고 없을 수도 있죠.

C 험프티 덤프티가 왜 저런 질문을 했는지 잘 모르겠지?

그럼 뒤로 넘어가서 이 부분을 읽어보자.

"내가 단어를 쓰면, 그 단어는 내가 선택한 의미만을 갖게 되지. 그 이상도 이하도 아니고 말이야." 다소 무시하는 말투로 험프티 덤프티가 말했다.

"문제는, 단어들이 그렇게 다른 의미가 되도록 당신이 만들어도 되느냐 하는 거예요." 앨리스가 말했다.

"문제는, 누가 주인이 되느냐 하는 거지. 그게 다야." 험프티 덤프티가 말했다.

앨리스는 너무나 혼란스러워서 아무 말도 할 수가 없었다.

M '험프티 덤프티'라는 자기 이름에 '아주 멋진 모습'이라는 의미를 부여한 것처럼 단어에 의미를 부여할 수 있다구요?

잠깐만요. 여기 예가 있네요. '영광(glory)'이라는 단어가 '너와의 논쟁에서 멋지게 이겼다!'라는 의미래요.

이게 뭐예요? 제가 아는 뜻과 완전히 다르잖아요.

C 만약 '영광'이라는 단어에 저런 의미를 붙인 것처럼 다른 단어에도 자신만의 의미를 붙인다면 험프티 덤프티는 다른 사람과 대화를 할 수 있을까?

M 아뇨. 혼자만 엉뚱한 이야기를 하고 있겠죠.

다른 사람들이 이해할 수 없는 단어들을 마구 늘어놓으면서요.

C 험프티 덤프티 같은 인물들이 더 많아진다면 어떻게 될까?

M 서로가 알아들을 수 없는 말들을 주고받으며 서로를 답답해할 거예요.

C 혹시 어제 우리가 이름의 중요성에 대해 얘기했던 거 기억하니?

M 아! 맞아요. 이름이라는 건 사물의 존재 자체와는 무관하다고 했어요. 살아가기 위해 필요하다는 이유로 인간이 만든 거니까요.

C 그런데 오늘 왜 또 이름에 대한 이야기가 나왔을까?

M 글쎄요. 험프티 덤프티처럼 제멋대로 의미를 바꾸면 안 된다? 그럼 서로 대화가 불가능하다? 뭐, 그런 말씀을 하시려는 건가요?

C 그래. 오늘은 이름이 중요한 만큼 잘 써야 한다는 얘기를 하고 있는 거야.

M 그런데 세상에 험프티 덤프티 같은 사람은 없으니까 굳이 잘 쓰자고 말할 필요는 없을 거 같은데요?

우리는 모두 같은 뜻으로 잘 사용하고 있잖아요.

C 정말 험프티 덤프티 같은 사람이 우리 주변에 없는 거 같니?

M 저는 한 번도 본 적이 없는데요?

C 그래? 알고 보면 나도 너도 험프티 덤프티일 수 있는걸?

M (깜짝 놀라며) 네? 선생님은 몰라도 저는 확실히 아니거든요!

C 흥분하지 말고 내 얘기를 잘 들어봐라. 험프티 덤프티의 말은 여러 각도에서 해석해볼 필요가 있어. 예를 들어, 미지수 x를 생각해보자. 너도 수업 시간에 사용해본 적이 있지?

M 모르는 걸 x라고 놓고, 방정식을 세워서 문제를 풀었던 적이 있어요.

C 혹시 서로 다른 문제를 풀 때 미지수를 바꿔가며 풀었니? x, y, z, a, b, c 같은 문자들로 말이야.

M 아뇨. 보통은 그냥 다 x라고 놓고 풀죠.

C 그렇지? 사실 모르는 대상이 문제마다 다른데도 우린 항상 그걸 x로 놓고 푼단 말이야. 왜 그럴까?

M 문자를 굳이 바꾸지 않아도 다 알거든요.

문제마다 x가 무엇을 의미하는지 미리 정해놓고 시작하니까요.

C 그렇다면 이쯤에서 험프티 덤프티의 말을 다시 읽어보자.

'내가 어떤 단어를 쓰면, 그건 내가 선택한 의미를 갖는다', 혹시 이해되니?

M 갑자기 이해가 되는 거 같은데요?

똑같은 미지수 x를 쓰고 있지만 문제마다 내가 선택한 대상으로 의미가 바뀐다는 말로 들려요.

C 아까는 말이 안 된다고 생각했던 문장이 갑자기 말이 되지?

M 네. 완전 신기해요. 이게 수학이라서 그런 건가요?

C 그렇다고 할 수 있겠다. 수학에서는 하나의 문자나 기호를 여러 가지 의미로 사용하는 경우가 종종 있으니까.

M 그럼 '누가 그 단어의 주인이 되느냐가 문제다'라고 한 말은 뭔 가요?

C 수학을 연구하다 보면 지금까지 연구되지 않은 새로운 분야가 발견되기도 하거든. 경우에 따라서는 비슷한 시기에 서로 다른

장소에서 같은 개념이 발견되기도 해. 17세기에 생겨난 미적분이 대표적인 예가 되겠구나.

M 고등학교 때 배우는 미분과 적분 말이죠?

C 그래. 독일의 라이프니츠와 영국의 뉴턴이 비슷한 시기에 미적분을 연구했거든. 두 사람이 사용한 언어나 기호는 당연히 서로 달랐고 독립적이었지.

M 혹시 서로 편지를 주고받으며 연구한 건 아니에요?

C 편지는 무슨. 누가 먼저 발견했는지, 누가 누구의 것을 표절한 것인지를 두고 서로 싸우기까지 했는데.

M 수학자들 사이에 그런 싸움이 실제로 일어나기도 하는군요.

C 험프티 덤프티의 말처럼 서로 주인이 되려고 하는 거지.

M 하긴 평생을 바쳐 연구한 결과가 남의 이름, 남의 업적으로 남으면 얼마나 속상하겠어요. 그러니까 주인이 되기 위해 필사적으로 싸울 수밖에 없겠네요.

C 미적분을 사이에 두고 벌어진 싸움은 거기에서 그치지 않았어. 영국의 수학자들과 유럽 대륙의 수학자들의 싸움으로까지 번졌으니까. 그 때문에 한동안 영국과 유럽 대륙의 수학자들은 왕래가 없었어. 수학의 발전이라는 측면에서 보면 손해가 막심했던 시기였지.

M 그래서 누가 이겼나요? 결론이 뭐예요?

C 결론은 두 사람의 연구는 독립적이었고 각자의 방식으로 연구했다는 거야.

M 앵? 억지로 화해시키려고 그런 결론을 낸 건 아니죠?

C 두 사람이 연구한 미적분은 성격이 달랐거든. 뉴턴은 물리학을 연구하며 물체의 운동 같은 문제들을 풀기 위해 미적분을 사용했어. 이에 비해 라이프니츠는 미적분을 체계화하고 좀 더 쉬운 표기법으로 나타내는 일에 집중했지.

M 흠… 결국 무승부네요.

C 둘 다 이겼다고 보는 게 맞지 않을까?

M 그럼 지금 사용되고 있는 미적분 기호는 누가 만든 거예요?

C 미적분 기호의 대부분은 라이프니츠가 만든 걸 쓰고 있지. 적분을 나타내는 기호 $\int$(integral)은 'sum'의 s자를 길게 늘려서 만든 거고, $\dfrac{dy}{dx}$처럼 미분할 때 쓰이는 'd'라는 기호도 '차이'라는 뜻의 'differential'에서 가져왔다는구나.

M 험프티 덤프티의 입장에서 보면 미적분 기호의 주인은 라이프니츠가 되겠네요.

C 그런 말을 하면 영국의 수학자들이 또 가만히 있지 않을 텐데?

M 아이쿠~ 누가 주인인지는 더 이상 묻지 않겠습니다.
하여간 험프티 덤프티의 말처럼 누가 그 단어의 주인이 되느냐가 수학에서는 참 중요한 문제군요.

C 다른 분야도 크게 다르지 않을 거다. 내가 한 연구를 다른 사람의 이름으로 남길 수는 없는 노릇이니까.

M 그런데 혹시 어떤 용어나 기호를 두고 서로 자기 것을 쓰겠다며 고집을 부리면 어떡해요?

C 수학도 하나의 언어이기 때문에 서로 다른 용어나 기호를 계속해서 쓰는 것은 곤란해. 그러면 의사소통을 할 수 없을 테니까.

M 어떻게든 서로 합의를 봐야겠네요.

C 실제로 과거에는 수학자들이 쓰는 기호가 통일되지 않아서 혼란
   스러운 적이 많았단다. 수학은 다른 어떤 분야보다 정확한 용어
   와 기호의 사용이 중요한 학문이거든. 그러니까 네 말처럼 반드
   시 통일을 해야 하지.

M 암튼 험프티 덤프티의 말에도 나름의 의미가 있었다는 사실을
   알게 됐네요. 그런데도 사실 썩 믿음은 가지 않아요.
   이 부분을 보면 왜 그런지 아실 거예요.

생일이 아닌 날 선물

"제 말은 그러니까, 안–생일 선물이 뭐냐는 거예요."

"당연히 생일이 아닌 날 받는 선물이지."

앨리스가 잠시 생각을 하다가 말했다. "저는 생일 선물이 제일 좋던데요."

"넌 이해를 못 하고 있구나!" 험프티 덤프티가 소리쳤다. "1년은 며칠이
지?"

"365일요." 앨리스가 말했다.

"그럼 네 생일은 며칠이나 있지?"

"하루요."

"그러면 365일에서 하루를 빼면 며칠이 남지?"

"그야 당연히 364일이죠."

험프티 덤프티는 미심쩍은 눈으로 쳐다보다가 말을 이었다. "종이에 계산된 걸 봐야겠군."

M   보세요. 365일에서 하루를 빼면 당연히 364일이잖요. 그런데 그 계산을 못 해서 종이에 써봐야 한대요.

C   계산이 좀 약한가 보지.

M   좀 약한 게 아니라 전혀 못 하는 거죠. 게다가 안-생일 선물은 또 뭐죠? 선물을 많이 받으려고 잔머리를 굴리는 거잖아요.

C   한 번 받는 것보다는 364번을 받는 게 좋으니까 그런 거지.

M   그렇지만 누가 선물을 364번이나 줘요? 의미도 없는 날에.

C   험프티 덤프티 입장에서는 오히려 앨리스가 이상해 보이는 거 같은데? 1년 365일 중에 딱 한 하루만 선물을 받으려고 하니까 말이야.

M   보니까 험프티 덤프티는 의미 같은 건 하나도 안 중요한 사람이네요.

C   그럼 뭐가 중요하냐?

M   숫자만 중요한 거죠. 생일의 의미 같은 건 안중에도 없어요. 제 말이 맞죠?

C   하긴 아까도 단어가 가진 본래의 의미보다 자신이 임의로 부여한 의미가 더 중요하다고 했지. 여기서도 원래 생일이 갖는 의미보다 자신이 만들어낸 안-생일의 의미가 더 중요하다고 생각하고 있고.

M 자꾸 새로운 단어나 규칙을 만들고 거기에 의미를 부여하는 게
　　마치…

C 마치 뭐?

M 형식을 강조하는 수학자들 같아요.
　　의미보다 형식, 의미보다 숫자가 중요한 사람들요.

C 흠… 수학자들이 험프티 덤프티처럼 웃기게 보인다는 말 같구나.

M 뺄셈도 잘 못 하는 걸 보면 맞는 거 같아요. 어디선가 수학자들
　　이 제일 못하는 게 사칙연산이라고 들은 거 같거든요.

C 하하. 부정하기 어려운데?
　　그럼 이제 내가 7장을 읽어볼까?

7장. 사자와 유니콘

　　다음 순간, 병사들이 숲속에서 달
려 나왔다. 처음에는 두세 명씩 나오
더니 그다음엔 열 명, 스무 명이 함께
나오고, 결국에는 병사 무리들이 숲
전체를 가득 채우는 것 같았다. 앨리
스는 병사들에게 밟힐까 봐 무서워서
나무 뒤에 숨은 다음 그들이 지나가
는 모습을 지켜보았다.

　　앨리스는 이렇게 발밑을 보지 않

고 불안하게 걸어 다니는 병사들을 처음 본다고 생각했다.

제대로 걷지도 못하고 걸핏하면 쓰러지는 병사들과 '아무도 안'이 존재하는 사람인 것처럼 말하는 왕, 그리고 왕위를 두고 결투하는 사자와 유니콘의 이야기를 들으며 마르코는 웃음을 멈추지 못한다.

'아무도 안'을 보았어요!

C 왜 그렇게 실실 웃는 거냐?

M 황당하잖아요. 유니콘이 앨리스한테 괴물이냐고 묻는데 사실 우리 입장에서 보면 유니콘이야말로 전설 속 괴물이잖아요. 그런 것도 뒤집어졌구나 싶어서 웃겼어요.

C 그게 그렇게 우스웠냐?

M 네. 아! 그리고 저 또 찾았어요. 숫자 42요.

C 그래? 어디 있는데?

M 그 부분을 읽어볼게요.

"정확히 4207명이지." 수첩을 보며 왕이 말했다. "모든 말을 보낼 수는 없었어. 두 마리는 경기할 때 필요하거든. 그리고 심부름꾼 두 명도 보내지 않았지. 두 사람은 마을로 보냈거든. 길을 잘 보고 있다가 심부름꾼이 보이면 말해주렴."

"길에 **아무도 안 보여요**." 앨리스가 말했다.

"나도 그런 눈을 가졌으면 좋겠구나." 왕이 불안한 말투로 말했다.

"아무도 안'을 볼 수 있다니 말이야. 그것도 이렇게 멀리서! 이런 빛에서 나는 진짜 사람들만 볼 수 있거든."

M 이거 보세요. 병사의 숫자가 4207명이라고 하잖아요.

C 4207이지 42가 아니잖니.

M 은근슬쩍 다르게 넣으신 거 아니에요?
      42는 7의 배수다. 뭐 그런 의미로요.

C 녀석, 넘겨짚기는. 그 얘기 말고는 또 없는 거냐?

M 있어요. "'아무도 안'을 볼 수 있다니 넌 참 좋겠구나"라고 한 왕
      의 말이요.

C "길에 아무도 안 보여요"라는 앨리스의 말에 대한 왕의 대답 말
      이구나. 비슷한 얘기가 그 아래에도 있는데 어딘지 찾아보겠니?

M 어! 여기 또 있네요. 제가 한번 읽어볼게요.

"길에서 누굴 만났지?" 왕이 심부름꾼에게 건초를 더 달라고 손을 내밀며 말했다.

"아무도 안 만났습니다." 심부름꾼이 말했다.

"그렇군." 왕이 말했다. **"이 아가씨도 그를 봤다더군. 그렇다면 그 '아무도**

안'은 너보다 느리게 걸었나 보구나."

"저는 최선을 다했습니다. 저보다 빠르게 걷는 사람은 아무도 없습니다."
심부름꾼이 시무룩한 목소리로 대답했다.

"그럴 테지. 아니었으면 '아무도 안'이 먼저 도착했을 테니까." 왕이 말
했다.

M 여기서도 심부름꾼이 그랬네요. "아무도 안 만났습니다"라구요.
   그랬더니 왕이 "앨리스도 그 '아무도 안'을 봤다더군"이라고 말
   했어요.

C 심부름꾼은 지금 왕이 '아무도 안'을 존재하는 사람처럼 말하는
   걸 알고 있을까? 모르고 있을까?

M 모르고 있는 거 같은데요? 심부름꾼이 "저보다 빠르게 걷는 사
   람은 아무도 없습니다"라고 시무룩하게 대답한 걸 보면요.

C 그런데 심부름꾼의 그 말을 왕은 또 이렇게 해석했구나. "네가 제일 빠른 심부름꾼이 아니었다면 '아무도 안'이 먼저 도착했을 거야"라고.

M 이 대화 너무 웃겨요.

왕은 '아무도 안'을 사람으로 생각하며 말하고 있고, 심부름꾼은 그런 왕의 말을 못 알아듣고 그냥 자기 얘기를 하고 있잖아요.

그런데 왜 선생님은 왕의 말 속에 '아무도 안'을 마치 존재하는 사람인 것처럼 넣으신 거예요?

C 재밌잖니.

M 아… 그게 이유군요.

C 이런 얘기를 처음 들어본 거냐?

M 그런 거 같은데요.

선생님 말고 이런 얘기를 한 사람이 또 있어요?

C 그럼. 그리스 신화에도 나오잖니. 꾀쟁이 오디세우스 얘기 말이다.

M 기억이 날듯 말 듯한데 들려주시면 안 돼요?

C 트로이 전쟁이 뭔지는 알고 있지?

M 트로이 왕자 파리스가 그리스의 공주 헬레네를 납치해서 일어난 전쟁이잖아요.

C 그렇지. 이야기는 트로이 전쟁을 끝낸 오디세우스가 고향으로 돌아가는 길에 일어난 사건에서 나왔단다. 오디세우스 일행은 배를 타고 돌아가는 길에 시칠리아 해변에 상륙하게 되지. 그리고 그곳에서 키클롭스라는 괴물에게 붙잡혀 동굴에 갇히게 돼. 그 괴물이 대원들을 하나씩 잡아먹는 동안 오디세우스가 꾀를

내거든. 키클롭스에게 자신의 이름을 '아무도 안'이라고 말해준 거야.

M 거기에서 '아무도 안'이 나오는군요.

그런데 왜 자기 이름을 '아무도 안'이라고 알려줬을까요?

C 더 들어봐. 오디세우스는 몰래 창을 만들어서 키클롭스의 외눈을 찌르는 데 성공하거든. 그때 비명을 듣고 달려온 다른 키클롭스들이 이렇게 물어. "왜 그래? 누가 그런 거야?"라고 말이야. 눈이 찔린 키클롭스는 뭐라고 대답했을까?

M "'아무도 안'이 그랬어"라고 했겠죠?

C 그렇지. 그 말을 들은 동료 키클롭스들은 '아무도 안 그랬다'는 말로 이해하고 돌아가버리지. 스스로 찔렀다고 생각한 거야.

M 정말 오디세우스는 꾀쟁이가 맞네요. 그럼 신화 속에 나왔던 그 이야기가 앨리스 버전으로 재탄생한 건가요?

C 그런 셈이지.

M 듣다 보니 지난번에 '0은 숫자일까? 아닐까?'를 두고 했던 대화가 생각나네요. '아무것도 없는 상태'를 '수'로 인정하면서 '0'이라는 기호로도 표시할 수 있게 된 거잖아요.

C '아무도 없는 상태'를 '존재하지 않는 사람'으로 인정한 왕처럼 말이지?

M 바로 그런 거죠.

그럼 마지막으로 거울 나라의 케이크 자르는 법을 살펴봐요.

거울 나라에서 케이크 자르는 법

앨리스는 커다란 접시를 무릎 위에 올려놓고 작은 개울가에 앉아 부지런히 칼로 케이크를 잘랐다. "이건 정말 짜증 나는 일이에요!" 앨리스가 사자에게 대답했다. (앨리스는 '괴물'이라고 불리는 것에 점차 익숙해지고 있었다.)

"벌써 여러 번 조각으로 잘랐는데, 자꾸만 다시 붙어버려요!"

"너는 거울 나라 케이크를 어떻게 잘라야 하는지 모르는구나. **먼저 돌아가며 나눠줘. 그리고 그다음에 잘라.**" 유니콘이 말했다.

말도 안 되는 소리였지만 앨리스는 순순히 일어나 접시를 들고 돌았고, 그러자 케이크가 저절로 세 조각으로 나누어졌다. "이제 잘라." 앨리스가 빈 접시를 들고 자리로 돌아가자 사자가 말했다.

"이건 불공평하잖아! 저 괴물이 사자에게 내 것보다 두 배 큰 걸 줬어!" 앨리스가 칼을 들고 어쩔 줄 몰라 하며 자리에 앉아 있을 때, 유니콘이 소리쳤다.

"자기 건 하나도 없는데." 사자가 말했다. "건포도 케이크 좋아하니, 괴물아?"

M 여기서도 거꾸로 사는 방법이 통하나 봐요. 케이크를 자르고 나눠주는 게 아니라 나눠준 다음에 자르라고 하잖아요.

C 이제 거꾸로 사는 법에 좀 익숙해지지 않니?

M 아니요. 먼저 나눠주고 그다음에 자르는 게 뭔지 아직도 상상이 잘 안 돼요. 여튼 궁금한 건 사자와 유니콘이 받은 케이크의 크기가 각각 얼마일까 하는 거예요.

C 지금 나한테 문제를 낸 거냐?

M 저는 문제 내면 안 되나요?

C 안 될 건 없는데, 이 정도 문제는 네가 푸는 게 맞지 않겠니? 기껏해야 간단한 방정식 문제로 보이거든.

M 그런가요? 하하. 사실… 이 문제에는 조건이 불충분해요.

C 본인이 문제를 냈으면서 문제점을 바로 찾아내는구나. 그래, 어떤 조건이 더 필요한데?

M 일단, 사자는 유니콘보다 두 배 큰 케이크를 받았어요. 앨리스에게 돌아간 케이크는 없구요. 그런데 왕은요?

C 왕? 케이크를 받았다는 말이 없는데?

M 안 받았다는 말도 없잖아요. 아까 왕은 사자와 유니콘 사이에 불편하게 앉아 있다고 했어요. 삽화에서도 뒤에 서 있는 게 보이구요.

C 그럼 줬겠지? 왕을 빼고 안 주는 건 너무하잖아.

M 설사 줬다 해도 사자만큼은 못 받았을 거예요. 그랬다면 유니콘은
 사자보다 만만한 왕의 케이크를 두고 큰소리를 쳤을 테니까요.

C 갑자기 무척 논리적으로 변하는구나.

M 수학 문제를 풀어야 하잖아요.
 그럼 왕의 케이크를 유니콘과 같은 크기라고 가정하죠.

C 이렇게 멋대로 조건을 정할 거면 문제가 무슨 소용 있을까 싶은
 데?

M 그래도 경우의 수를 나눠서 계산은 한번 해보고 싶거든요.

C 하여간 너도 엉뚱한 고집이 있구나. 그럼 한번 해봐라.

M 왕이 케이크를 받은 경우와 받지 않은 경우로 나눠서 계산을 해
 볼게요. 유니콘이 받은 양을 x라고 하고, 케이크 전체의 크기를
 1로 해서 계산하면 이렇게 되겠네요.

왕이 케이크를 받은 경우	왕이 케이크를 받지 않은 경우
사자: $2x$ 유니콘: x 왕: x 앨리스: × $2x+x+x=1$ $4x=1$ $x=\frac{1}{4}$	사자: $2x$ 유니콘: x 왕: × 앨리스: × $2x+x=1$ $3x-1$ $x=\frac{1}{3}$
사자: $\frac{1}{2}$ 유니콘: $\frac{1}{4}$ 왕: $\frac{1}{4}$	사자: $\frac{2}{3}$ 유니콘: $\frac{1}{3}$

C 계산 과정이나 결과를 보면 별거 아닌데 나름 재밌구나.

M 저는 궁금한 게 해결돼서 좋네요. 잘라진 케이크의 크기도 분명
 해져서 좋구요.

C 네가 좋다면 된 거지. 그럼 이제 슬슬 돌아갈까?

　가는 길에 어제 읽었던 5장의 양의 가게가 어딘지 보여주마.

M 어! 하얀 여왕이 양으로 변해서 앨리스에게 계란을 팔았던 그 가게요?

C 그렇다니까.

　지금은 거기가 앨리스 기념품을 파는 곳으로 바뀌었더구나.

M 우와~ 실제로 그 가게가 있었다니. 빨리 가요. 우리!

C 녀석, 서두르기는.

　앨리스 가게를 방문한 마르코는 삽화에 있었던 그림과 비교를 해보면서 계속 감탄사를 쏟아낸다. '염소가 앉아서 뜨개질을 하던 탁자가 저거였을까?', '그림 뒤로 보이던 창문이 이 창문이었겠지?', '나는 모든 게

또렷이 잘 보이는데 왜 앨리스의 눈에는 선반 위의 물건들이 사라지는 것처럼 보였을까?' 마치 자신이 앨리스가 된 것처럼 신기한 모험을 계속하는 마르코. 가게가 배로 변하는 환상적인 장면을 상상하면서 아쉽게 발을 돌린다.

옥스퍼드에 있는 앨리스 가게

크라이스트 처치에서 만난 앨리스와 해리 포터

TICKET

벌어진 창문 틈 사이로 서늘하고 촉촉한 바람이 새소리를 내며 들어온다. 커튼을 펄럭이게 하고 책장을 훌훌 넘기던 바람은 방안을 휘휘 돌다가 마르코의 머리카락을 만지고 콧등을 문지르다가 소리 없이 사라진다.

'어! 아침인가? 날이 좀 쌀쌀하네.'

이불을 끌어 올리고 모자란 잠을 청하려던 찰나. 마르코의 머릿속에 오늘이 여행의 마지막 날이라는 사실이 섬광처럼 떠오른다. 번쩍 뜬 눈을 서너 번 껌뻑이던 마르코는 주섬주섬 옷을 챙겨입는다. 까치발을 들고 살금살금 거실을 통과해 밖으로 나온 마르코. 부슬부슬 내리는 안개비를 맞으며 고즈넉한 옥스퍼드의 아침을 온몸으로 느끼며 걸어본다.

'줄거리가 있었다면 알았을 거야. 앨리스의 이야기가 끝나가고 있다는 걸. 기승전결도 없고 맥락도 없는 이야기 속에 빠져 있다 보니 어느새 여행이 끝나버렸네.'

아쉬운 마음에 마르코는 톰 타워 광장을 돌고 또 돈다.

C 어딜 다녀오는 거냐?

M 그냥 좀 걷고 왔어요.

　　언제 또 이곳을 이렇게 걸을 수 있을까 싶어서요.

C 아쉬운 거로구나.

M 오늘이 여행 마지막 날이더라구요. 그동안 선생님하고 앨리스 이야기에 빠져서 시간이 가는 줄도 모르고 있었네요.

C 그 마음을 나도 잘 알지.

내가 가르치는 일을 그만둘 때도 그런 마음이었거든.

M 겨우 일주일 여행을 끝내는 것도 이렇게 아쉬운데 선생님은 얼마나 더 서운하셨겠어요. 거의 반평생을 이곳에서 지내신 거잖아요.

C 살면서 어떤 일이든 끝에 이르게 된다는 건 슬픈 일이더구나.

내가 마지막 수업을 했던 게 1881년 11월 30일이었는데, 그날의 느낌이 아직도 생생하게 기억나거든.

M 1881년이면 49살이셨던 거잖아요.

더 하실 수도 있었을 거 같은데 왜 그만두셨어요?

C 정말 하고 싶은 일에 시간을 쏟고 싶었거든.

학교에 있다 보면 의무적으로 해야 하는 일들이 너무 많았으니까.

M 지난번에 강의나 연구 말고도 학사 행정이 많다고 하셨잖아요.

그래서 그만두신 거예요?

C 맞아. 그때 내가 무슨 생각까지 했는 줄 아니?

가족들만 괜찮다고 하면 감옥에 들어가서 한 10년 정도 있고 싶더구나. 읽고 싶은 책을 한가득 싸 짊어지고 가서 마음껏 읽고 글도 쓰고 하면서 말이지.

M 네? 그건 너무 극단적인 설정 같은데요.

C 그 정도로 내 시간이 절박하게 필요했다는 거야.

M 그만두고 어떤 일을 하고 싶으셨는데요?

C 책을 쓰고 싶었어. 수학에 관한 책, 아이들을 즐겁게 해주는 책, 그리고 종교적 사색을 위한 책도 써보고 싶었지.

M 쓰고 싶은 책이 참 많으셨네요.

C 그래. 교수로 살아왔던 삶과는 조금 다른 방식이지.

M 그래서 그 책들을 다 쓰셨어요?

C 다 쓰진 못했지만 나름 노력했고 그만큼의 성과가 있었단다. 책뿐만 아니라 앨리스 이야기를 연극으로 올리는 것도 성공했으니까.

M 정말요? 어떤 책을 쓰셨어요? 연극은 또 어떻게 올리신 거구요?

C 녀석, 하나씩 물어야지.

M 그럼 책 얘기부터요.

C 기존에 냈던 수학책 몇 권을 신판으로 다시 썼어. 평소에 구상했던 문제들을 모아 『베갯머리 문제』라는 제목으로 한 권 냈고. 『논리의 게임』이라는 책도 두 권으로 내려고 했단다.

M 수학책 말고 꼬마들 책은요?

C 앨리스 책을 어린이용으로도 다시 썼지. 테니얼 삽화에 예쁘게 색을 칠해서 말이야. 또, 앨리스에게 주려고 내가 직접 만들었던 책 기억나지?

M 네. 선생님이 그림도 그리고 글도 쓰셨던 그 책 말이죠?

C 그걸 복사본으로 만들어서 출판했어.

M 앨리스 책이 다양해졌네요.

앨리스, 연극 무대에 오르다

C 앨리스를 연극 무대에 올리고 싶었던 건 나의 오랜 소망이었어. 극작가와 작곡가들을 직접 만나기도 했으니까. 그런데 그게 그렇게 쉬운 일이 아니더라구.

M 연극을 올리는 데 성공하셨다면서요.

C 포기를 하려고 마음먹었을 즈음 헨리 새빌 클라크라는 드라마 작가가 나를 찾아왔어. 앨리스 이야기를 음악극으로 만들어보고 싶다고 말이야.

   1886년 12월 23일이었구나. 첫 공연을 보던 날. 크리스마스 직전이라 그런지 반응이 아주 뜨거웠단다. 내가 보기에도 꽤 성공적인 연극이었어. 행복했단다. 그래서 보고 또 봤지. 연극을 보는 사람들의 표정도 훔쳐보고 반응도 살피면서 말이야.

M 에휴~ 장난꾸러기 선생님.
   사람들 반응을 보면서 혼자서 얼마나 재미있으셨을까요.

C 어느 날 내 옆에 앉은 노신사가 나에게 말을 걸더구나.
   '원래 이 『이상한 나라의 앨리스』는 앨리스라는 소녀를 위해 책으로 쓰여졌다고 하더군요. 그 작가라는 사람이 아이를 위해 글도 쓰고 그림도 그려서 선물을 했대요'라고 하면서 말이다.

M 그래서 뭐라고 하셨어요?

C 조금 놀라는 척하며 맞장구를 쳐줬지. 그랬더니 또 그러더구나.
   '그 사람이 옥스퍼드 대학에 있는 누구라던데'라고 말이야.

M 그 사람이 선생님인 줄은 꿈에도 몰랐겠죠?

C 그랬겠지. 결국 노신사와 나는 '앨리스 작가라는 사람을 한 번 만
나봤으면 좋겠다'라는 이야기를 하며 헤어졌어.

M 정말 재미있는 장면이네요. 사람들 사이에 작가가 같이 앉아서
보고 있다는 걸 알았으면 다들 얼마나 놀랐을까요?

C 오랜 소원을 이뤘다는 사실만으로도 나는 만족한단다.
참! 오늘은 아침식사 후에 갈 곳이 있다.

M 네? 어디를요?

느긋하게 아침을 먹고 난 마르코는 캐럴 선생님과 보폭을 맞춰 걷는
다. 산책하듯 천천히 걷는 걸 보면 어디 멀리 가는 것 같지는 않고… 어차
피 물어봐도 대답을 안 해주실 것 같다는 생각에 마르코는 잠자코 선생
님을 따라간다.

판타지 작가와 크라이스트 처치

C (계단을 오르며) 다 왔구나.

M 와~ 천장 무늬가 정말 멋지네요.

   나무줄기가 올라가다가 꽃을 피운 것 같아요.

C 천장보다 저 안이 더 멋질 텐데.

M (안으로 들어서며) 우와~ 맞아요!

   옥스퍼드에 오면 꼭 들러야 하는 곳이 바로 여기거든요.

C 요즘 들어 사람들이 이 식당을 부쩍 많이 찾더구나.

M 당연하죠. 여기가 그 유명한 〈해리 포터〉 촬영지거든요.

C 해리 뭐?

M 선생님은 아마 모르실 거예요. J. K. 롤링이라는 영국 작가가 쓴

   판타지 소설인데 엄청 재밌거든요.

C 뭔지 모르겠지만 그것 때문에 그렇게 많이 왔던 거구나.

M 얼마나 유명한데요.

   안 그래도 여기를 오고 싶었는데 왜 안 데려다주시나 했어요.

C 난 사실 여기서 포멀디너(formal dinner)를 같이 하고 싶었단다.

M 포멀디너가 뭐예요?

C 크라이스트 처치 단과대학의 학생과 교수가 같이 저녁을 먹는

   자리지. 이름처럼 옷을 잘 차려입고 3가지 코스 요리를 먹으면서

   학문적인 대화를 하는 식사란다.

M 밥 먹으면서 학문을 얘기 한다구요? 켁! 밥 먹다가 체하겠어요.

   하긴 〈해리 포터〉에서도 마법학교 교수들과 학생들이 여기에 모

여서 다 같이 식사하는 장면이 여러 번 나오긴 했어요.

C 교수와 학생이 함께 식사를 하는 것도 그대로 따라 했구나.
그런데 내가 널 여기에 왜 데려온 거 같니?

M 글쎄요. 여기서 제가 뭘 찾아야 하나요? 뭔가를 찾아야 한다면
그건 앨리스와 관련된 거겠죠? 한번 천천히 둘러볼게요.

마르코는 천천히 크라이스트 처치 식당 내부를 둘러보며 앨리스와
관련된 무언가를 찾으려 노력한다. 자꾸만 밀려오는 해리 포터의 기운
을 애써 밀어내며…

M 어! 저기 유리창에 앨리스와 토끼가 있어요.
선생님 얼굴도 있는 거 같은데요?

크라이스트 처치 식당 내부의 앨리스 창

C 찾았구나. 예전에는 저 스테인드글라스 장식이 없었거든. 나도 와서 보고 깜짝 놀랐단다.

M 크라이스트 처치에서 선생님이 얼마나 큰 존재인지 새삼 느껴지네요.

C 옥스퍼드 졸업생 중에는 나보다 더 유명하고 훌륭한 사람들이 많거든. 그런데 이렇게까지 기억해주다니 조금 쑥스럽긴 하더구나.

M 마거릿 대처나 토니 블레어 영국 총리, 세계적인 물리학자 스티브 호킹도 모두 옥스퍼드 출신이라고 들었어요. 그렇지만 저는 그런 건 별로 관심 없고, 〈해리 포터〉 촬영을 할 때 선생님과 앨리스가 그 장면을 지켜보고 있었겠구나 하는 생각만 드네요.

C 머릿속에 온통 해리 포터밖에 없구나.

M 제가 판타지 소설을 좋아하거든요. 그러니까 선생님을 보러 온 거죠. 그 판타지 소설의 시작이 선생님이었으니까요.

C 판타지 소설의 시작이라는 건 좀 지나친 비약 같은데?

M 제가 아는 바로는 그렇거든요.

C 일단 알았으니까 저기 잔디밭에 앉아 앨리스의 여행을 마무리 짓자꾸나.

M 네. 알겠어요.

마르코는 식당을 나오면서 입구 바로 옆에 걸려 있는 선생님의 초상화를 본다. 그림 속 선생님의 모습은 오늘처럼 중후하고 멋지다. 그러나 캐럴 선생님의 마음 한편에 여전히 살

루이스 캐럴 초상화

아 숨 쉬는 어린아이의 천진난만함. 마르코는 그걸 보았다. 그리고 만약 세상에 피터 팬이 존재한다면 그건 분명 캐럴 선생님일 거라고 생각해 본다.

M 언제 이걸 다 챙기신 거예요?
  아까 저랑 쎙하니 일어나서 나오신 거 같았는데.

C 네가 안 챙길 게 뻔하니까 나라도 챙겨야지.
  오늘같이 화창한 날에는 바깥에서 햇볕을 쬐어줘야 하거든.

M 하긴 요 며칠 있어 보니까 영국은 흐린 날이 많은 것 같더라구요.
  해가 나면 왜 다들 옷을 벗고 잔디밭에 눕는지 알 거 같아요.

C 우울해지지 않으려면 햇볕이 날 때 즐겨야 해.

M 그런데 오늘이 저희의 마지막 여행날이잖아요.
  이제 8장 시작하는데, 오늘 다 끝낼 수 있을까요?

C 걱정 마라. 되도록 빨리 끝낼 거니까.

M 왜요?

C 갈 데가 또 있으니까.

M 또요? 하여간 좁은 옥스퍼드에서 잘도 돌아다니신다니까요.

C 이 녀석! 이게 다 너를 위한 거거든. 그럼 누가 먼저 읽을까?

M 당연히 선생님이죠. 연극하듯 읽어주시면 재밌거든요.

C 알았다. 8장은 내가 읽고 9장부터 12장까지는 다 네가 읽어라.

M 너무하시는 거 아니에요?

C 보면 안다. 너무하는 게 아니란 걸.

M 일단 알겠습니다. 시작하시죠.

8장. "이건 내 발명품들이야"

잠시 후 북소리가 점점 작아지는 듯하더니 곧 사방이 쥐 죽은 듯이 고요해졌다. 앨리스는 조금 놀라 고개를 들었다. 아무도 없는 것을 본 앨리스는 자신이 사자와 유니콘, 그리고 그 이상한 앵글로색슨족 심부름꾼에 대한 꿈을 꾸었다고 생각했다. 그러나 앨리스의 발밑에는 건포도 케이크를 자를 때 사용했던 커다란 접시가 여전히 놓여 있었다. "그러니까 이건 꿈이 아니야. 만약에⋯ 만약에 말이야. 우리가 모두 같은 꿈의 일부라면, 나는 그게⋯"

붉은 기사로부터 앨리스를 구해준 하얀 기사가 영 부실해 보인다. 툭하면 말에서 떨어지고, 자기가 발명했다는 해괴한 물건들을 주렁주렁 매달고 다니는 모양새가 좀 이상하다. 그런데도 왜 자꾸 하얀 기사가 친근하게 느껴지는 걸까? 책을 통틀어 유일하게 앨리스에게 친절한 사람이라 그런가? 아니면 혹시 어디선가 만난 적이 있나? 마르코는 책과 선생님을 번갈아 쳐다보면서 하얀 기사의 정체를 밝혀보려 애쓴다.

문을 넘는 새로운 방법

M 누구일까요? 이분은?

C 누구 말이냐?

M 하얀 기사요.

C 하얀 기사가 하얀 기사지. 누구겠니?

M 어딘가 익숙해요. 부드러운 파란 눈과 상냥한 미소. 거꾸로 서 있을 때 더 많은 발명을 하는 사람. 앨리스를 구출하고 마지막 시냇물까지 안내하는 이 책에서 유일하게 친절한 사람.

C 글쎄. 난 무슨 말을 하는 건지 모르겠구나.

M 뿐만 아니에요. 실제로 쓰일 수 있는 건지 없는 건지, 도대체 어디에 쓰이는 건지 알 수 없는 이상한 물건들을 주렁주렁 달고 다니는 사람. 다 자기가 발명했다고 하면서 말이죠.

C 그건 그럴 수도 있는 거잖니.
   세상에는 요상한 물건들을 발명해내는 사람이 많으니까.

M (캐럴 선생님을 빤히 쳐다보며) 눈동자가 파란색이시네요?

C 너 혹시 그 기사가 나라고 생각하는 거냐?

M 아무리 생각해도 선생님 같거든요. 선생님이 평생 쓰고 만드신

책과 연구물을 이상한 발명품들이라고 해석하면 모든 게 딱 맞아떨어져요.

C 내가 그렇게 늙고 해괴망측해 보인다는 거냐?

M 똑같이 묘사하실 수는 없으니까 약간 우스꽝스러운 캐릭터로 그리셨겠죠. 다른 모든 캐릭터들을 그렇게 만드신 것처럼요.

C 요 녀석. 책 내용에 집중하나 했더니 엉뚱한 상상만 하고 있었구나.

M 이보다 더 책에 집중할 수는 없는 거죠.
저는 하얀 기사란 인물이 누구인지를 간파해냈으니까요.

C 허튼소리 말고 궁금한 게 있으면 말해 보거라.

M 여기요.

"바로 그때, 내가 **문을 넘어가는 새로운 방법**을 발명했지. 들어보겠니?"

"네, 정말 듣고 싶어요." 앨리스가 예의 바르게 말했다.

"내가 어떻게 그런 생각을 하게 되었는지 말해줄게." 기사가 계속 말했다. "문제는 발에 있어. 머리는 이미 충분히 높은 데 있거든. 자, **먼저 머리를 문 꼭대기에 둘 거야. 그런 다음 물구나무를 해. 그럼 발이 높이 올라가지. 그런 다음 문을 넘어가면 되는 거야.**"

"네, 그렇게 하면 넘어갈 수 있겠네요." 앨리스가 생각을 하면서 말했다. "그런데 그게 더 어렵지 않을까요?"

"**나도 아직 안 해봤어.**" 기사가 진지하게 말했다. "그래서 확실히 알 수는 없지만 조금 어려울 거 같긴 해."

M 생각해보면 너무 말이 안 되는 장면이잖아요. 머리를 높이 두고 물구나무를 해서 문을 넘어가는 사람이 세상에 어디 있어요.

C 이런 사람을 본 적은 없지만 시도는 해볼 수 있겠지?

M 물론 해볼 수는 있겠죠. 하지만 앨리스 말처럼 이게 더 어려운 방법 아니에요? 이건 정말 쓸모없는 발견이에요.

C 그렇게 생각하냐?

M 당연하죠. 제가 이 부분을 보면서 무슨 생각을 한 줄 아세요?

C 무슨 생각?

M 하얀 기사는 분명 수학자예요. 왜냐! 현실적으로 가능한지 안 한 지 그런 건 관심 없잖아요. 본인도 저렇게는 안 넘어봤다고 하구 요. 그러니까 저런 방법은 이론적으로만 가능한 거예요. 수학자 들이 하는 연구나 발견처럼요.

C 한편 그럴듯하게 들리는구나. 대부분의 수학은 현실에서의 쓸모 와는 상관없이 발견되고 발전되니까 말이다.

M 거봐요. 제 추측이 맞죠?

C 그런데 다 그런 건 아니야. 현실에서 어떻게 쓰일지를 미리 생각 하면서 연구하는 사람들도 있거든. 또, 실용성 같은 건 생각하지 않고 발견했는데, 나중에 전혀 예측하지 않은 분야에서 유용하 게 쓰이는 수학 이론들도 꽤 많아.

M 하긴 해밀턴의 사원수도 처음에는 쓸모없는 이론 취급을 받는 데 요즘엔 컴퓨터 그래픽이나 신호처리, 물리학같이 다양한 분 야에서 유용하게 사용되고 있잖아요.

C 모든 것은 시간의 검증을 거친 후에야 제대로 평가되는 법이거

든. 그래도 문 넘는 방법에 대한 지적은 나름 좋았던 것 같구나. 혹시 이 부분은 어땠니?

중간은 없다! 배중률

"슬픈 모양이구나." 기사가 걱정스러운 목소리로 말했다. "너에게 위로가 되는 노래를 한 곡 불러줄게."

"노래가 긴가요?" 앨리스가 물었다. 그날 하루 동안 너무 많은 시를 들었기 때문이다.

"길지." 기사가 말했다. "하지만 아주 아주 아름다운 노래란다. 이 노래를 들은 사람들은 모두 눈물을 글썽이거나 아니면…"

"아니면요?" 기사가 갑자기 말을 멈췄기 때문에 앨리스가 물었다.

"아니면 눈물을 글썽이지 않지. 당연하잖아. 노래의 제목은 '대구의 눈'이라고 불린단다."

M 정말 허무한 대답이네요.

눈물을 글썽이거나 아니면 눈물을 글썽이지 않는다니요.

C 혹시 다른 가능성은 없을까?

M 음… 이건 어때요? 눈물을 글썽이다가 말았다.

C 글썽이다가 만 거는 글썽이지 않은 거 아니냐?

M 그래도 처음에는 조금 글썽인 거잖아요.

C 그런 논리라면 이런 것도 되겠는데?

처음엔 눈물을 글썽이지 않았지만 나중에 글썽였다.

M 그게 뭐예요. 나중에 글썽인 거면 어쨌든 글썽인 거잖아요.

C 처음에는 안 글썽였다고 했잖니.

M 이런 식으로 말을 만들면 백 개도 더 만들겠어요.

눈물을 글썽이지 않았다가 조금 글썽였는데 그러다가 꾹 참고

안 글썽였다. 이런 식으로요.

C 네 말을 듣고 보니 그럴 수도 있겠구나.

차라리 저 기사의 말이 더 현명해 보이는데?

M 그러네요. 처음에는 멍청해 보였는데 다른 가능성들을 생각하다

보니 오히려 깔끔하게 느껴지네요.

둘 중에 하나잖아요. 글썽인다, 안 글썽인다.

C 중간은 없는 거지?

M 중간은 없는 거죠!

C 그런 걸 수학에서 배중률(排中律)이라고 한단다.

가운데를 배제하고 둘 중 하나가 되게 하는 거지.

M 아~ 배중률. 처음부터 이 말을 하고 싶으셨군요.

C 꼭 그런 건 아니고.

네가 워낙 따지기를 좋아하니까 말해주고 싶어졌지.

M 제가 따지기를 좋아하게 된 건 순전히 선생님 때문이거든요.

그런데 갑자기 웬 배중률요? 이런 건 어디에 써먹는 거예요?

C 하얀 기사 때문에 수학의 쓸모에 관심이 많아졌구나.

M 기왕이면 쓸모 있는 발견을 하는 게 좋잖아요.

배중률도 어딘가에 유용하게 사용되면 좋은 거구요.

C 그럼 예를 하나 찾아볼까? 이거 아니면 저거. 둘 중에 하나밖에

안 되는 걸로 말이다. 뭐가 있을까?

M 홀수 아니면 짝수? 유리수 아니면 무리수? 유한 아니면 무한?

C 오호! 유한 아니면 무한 좋구나. 내가 좋아하는 유클리드의 증명

을 하나 예로 들어보자.

M 어떤 증명인데요?

C 소수의 개수가 무한하다는 내용을 증명해보자.

(종이와 펜을 꺼내며) 자~ 이렇게 한번 가정해볼 거야.

'소수의 개수는 유한하다'라고 말이야.

M 어! 소수의 개수는 무한하다고 배웠는데요?

C 그러니까 유한하다고 가정을 하는 거야. 이따가 보면 뭔가 앞뒤

가 안 맞는 결론이 나올 거거든. 그런 모순된 결론이 나오는 이유

는 가정을 잘못했기 때문인 거지.

M 무슨 말인지 모르겠는데 일단 시작해보세요.

C 방금 '소수의 개수는 유한하다'라고 가정했잖니.

그 유한한 개수를 n개라고 놓으면, 각각의 소수를 순서대로 이

렇게 표시할 수 있어.

$$p_1, p_2, p_3, p_4, \cdots, p_n$$

M n개의 소수가 있다는 말을 저런 식으로 표현하는군요.
그러면 소수를 순서대로 썼을 때, 2, 3, 5, 7, 11, …이니까 $p_1 = 2$,
$p_2 = 3$, $p_3 = 5$가 되겠네요.

C 아주 잘 이해하고 있구나. 그럼 이제 새로운 수 P를 만들어보자.

M 수를 새롭게 만든다구요?

C 자연수는 무한하니까 어떤 식으로든 수를 만들 수 있지.

M 그렇겠네요. 그럼 P라는 수는 어떻게 만들어요?

C 존재하는 모든 n개의 소수를 곱한 다음 거기에 1을 더할 거다.
그러면 P는 이렇게 되겠지.

$$P = p_1 \times p_2 \times p_3 \times p_4 \times \cdots \times p_n + 1$$

M 1을 제외한 모든 자연수는 소수 아니면 합성수잖아요. 그러니까
P도 분명 둘 중 하나겠네요. 소수 아니면 합성수.
과연 뭘까요?

C 만약 저 수가 합성수라면 어떻게 되어야 할까?

M 1과 자기 자신 말고도 나누어떨어뜨릴 수 있는 다른 소수가 있
어야 해요. 그런데 가정에서 소수는 유한개이고, p_1부터 p_n까지
딱 n개만 있다고 했으니까 그중 하나로 나누어떨어져야 하겠죠.

C 가능할까?

M (곰곰히 생각하다가) 안 되겠는데요? P라는 수는 p_1부터 p_n까지

어떤 소수로 나눠도 언제나 1이라는 나머지가 생겨요.

그러니까 P는 합성수가 아니에요.

C 그럼 P는 소수라는 얘기인가?

M 그렇죠. 방금 말했듯이 P는 어떤 소수로도 나누어떨어지지 않
잖아요. 그 말은 P를 나누어떨어지게 할 수 있는 수는 1과 자기
자신뿐이라는 거예요.

C 그런데 맨 처음 가정을 떠올려봐라. 소수의 개수는 유한하고 p_1
부터 p_n까지 딱 n개만 있다고 약속했잖니.

M 어! 그러네요. 가정대로라면 $p_1, p_2, p_3, p_4, \cdots, p_n$ 말고 다른 소수
는 없어야 하는데 증명을 하다 보니 새로운 소수 P가 생겨버렸
네요? 어떡하죠?

C 이런 게 바로 모순적인 상황인 거야. 가정을 잘못해서 생긴 문제지.
그렇다면 '소수의 개수는 유한하다'라는 가정을 어떻게 고쳐야
할까?

M '유한하다'라는 부분을 '무한하다'라고 고쳐야겠네요.
유한한 게 아니면 무한할 수밖에 없으니까요.

C '유한이 아니면 무한이다'라는 네 말이 바로 배중률이란다.
우린 그걸 증명에 이용한 거고.

M 배중률을 하나 더 이용한 거 같은데요?
'1이 아닌 자연수는 소수 아니면 합성수이다'. 맞죠?

C 제법인데? 좀 어려운 얘기지만 저런 증명을 '귀류법'이라고 한단
다. 가정을 일부러 틀리게 한 다음 모순을 이끌어내는 방법이지.

M 증명 자체는 어려운데, 배중률이 어떤 식으로 쓰이는지는 알 거

같아요.

C 이제 여왕이 된 앨리스를 만나러 9장으로 가볼까?

9장. 앨리스 여왕

"우와, 굉장해!" 앨리스가 말했다. "내가 이렇게 빨리 여왕이 될 줄은 몰랐어. 그리고 그게 어떤 건지 말씀드리겠습니다. 여왕 폐하." 앨리스는 아주 엄격한 목소리로 말을 이었다. (앨리스는 항상 스스로 꾸짖는 걸 좋아했다.) "그렇게 풀밭에서 뒹굴면 절대 아니 되옵니다! 아시다시피 여왕님은 위엄을 갖추셔야죠."

그래서 앨리스는 일어나서 걸어다녔다. 처음에는 왕관이 떨어질까봐…

여왕이 된 앨리스를 보며 마르코는 자신의 일인 양 기뻐했다. 그러나 기쁨도 잠시. 자꾸만 말을 끊고 무시하는 두 명의 여왕이 시종일관 앨리

스를 화나게 한다. 자신들도 어려워하는 사칙계산 문제를 내고, 말도 안 되는 상식 문제를 내면서 앨리스의 말꼬리를 잡고 늘어진다. 슬슬 책도 마지막 페이지로 가고 있는데 앨리스는 과연 어떻게 대처할까? 궁금한 마음을 안고 마르코는 9장의 읽기를 마친다.

8에서 9를 빼는 건 불가능해?

M 체스 나라에 여왕이 세 명이 되었네요.
   그런데 앨리스는 여왕 대접을 못 받고 있는 거 같아요.
C 시험을 통과해야 여왕으로 불린다잖니.
M 어떤 시험인지는 몰라도 앨리스는 통과하기 어려울 거 같은데
   요? 거울 나라의 이상한 규칙을 앨리스만 모르잖아요.
C 그럴지도 모르지. 여길 봐라. 앨리스가 여는 만찬이 있는데도 초
   대는 자기들끼리 하고 있단다.

붉은 여왕이 침묵을 깨며 하얀 여왕에게 말했다. "오늘 오후에 있을 앨리스의 저녁 만찬에 당신을 초대하죠."

하얀 여왕이 희미하게 웃으며 말했다. "그러면 저는 당신을 초대하죠."

"저는 제가 만찬을 여는지 전혀 몰랐어요. 그런데 만약 제가 만찬을 연다면, 제가 손님들을 초대해야 되지 않나요?" 앨리스가 말했다.

"우리가 너에게 그럴 수 있는 기회를 준 거야. 그런데 너는 아직 예절에 대

한 수업을 충분히 받지 못했잖니." 붉은 여왕이 말했다.

"예절은 수업 시간에 배우는 게 아니에요. 수업에서는 덧셈이나 뭐 그런 것들을 가르치거든요." 앨리스가 말했다.

"너 덧셈을 할 줄 아니?" 하얀 여왕이 물었다. "1 더하기 1 더하기 1 더하기 1 더하기 1 더하기 1 더하기 1 더하기 1이 뭐니?"

"모르겠어요. 몇 번인지 세다가 놓쳤어요." 앨리스가 말했다.

"덧셈을 못 하는군." 붉은 여왕이 끼어들었다. **"그럼 뺄셈은 할 줄 아니? 8에서 9를 빼면 얼마지?"**

"8에서 9를 뺄 수는 없어요. 아시잖아요." 앨리스가 바로 대답했다. "하지만…"

"뺄셈도 못 하는군." 하얀 여왕이 말했다. "나눗셈은 할 줄 아니? 빵 한 덩어리를 칼로 자르면 답이 뭐가 되지?"

M 진짜 너무 웃겨요. 앨리스에게 예의를 배울 수 있는 기회를 준다는 핑계로 서로 상대방을 초대하고 있는 거잖아요.

정말 상식적이지 않아요.

C 덧셈, 뺄셈 문제는 상식적인 거 같은데?

   앨리스는 왜 덧셈 문제를 못 푼 걸까?

M 세다가 놓쳤다잖아요. 아마 하얀 여왕이 '1 더하기 1 더하기'를
   엄청 빨리 말했을 거예요. 그런데 뺄셈 문제가 또 나왔네요?
   『이상한 나라의 앨리스』에서도 가짜 거북이와 줄어드는 수업에
   대한 대화를 했었잖아요.

C 대화 도중에 말을 돌렸던 것도 기억나지?

M 그럼요. 음수가 나와서 그랬던 거잖아요. 그럼 여기서도 앨리스
   가 '8에서 9를 뺄 수는 없어요'라고 한 건 '음수가 답으로 나올 수
   는 없어요'라는 의미겠네요.

C 음수에 대한 이야기를 잘 기억하고 있구나.

   그럼 다음 대화도 볼까? 여전히 뺄셈 얘기를 하고 있구나.

"다른 **뺄셈**을 해보자. 개에게서 뼈다귀를 뺏으면 뭐가 남지?"

   앨리스는 곰곰이 생각했다. "당연히 뼈는 없을 거예요. 제가 뺏었으니까요.
그리고 개도 없을 거예요. 저를 물려고 달려들 테니까요. 그러니까 저도 틀림
없이 없을 거예요!"

   "그 말은 **아무것도 남아 있지 않다**는 말이지?" 붉은 여왕이 말했다.

   "저는 그게 답인 거 같아요."

   "또 틀렸어. 개의 성질은 남아 있지." 붉은 여왕이 말했다.

   "그런데 그걸 어떻게… "

"잘 봐! 개는 화를 낼 거야. 그렇지?" 붉은 여왕이 소리쳤다.

"그렇겠죠." 앨리스가 조심스럽게 대답했다.

"그럼 개는 가버려도 개의 성질은 남아 있겠지!" 여왕이 의기양양하게 외쳤다.

M 이상한 뺄셈이네요. 질문도 웃긴데 답은 더 웃겨요.

'개는 가도 개의 성질은 남아 있다'니. '사람은 죽어도 이름을 남긴다'랑 같은 말인가요?

C 맥락상 비슷한 말 아닐까?

M 이 이야기는 '몸은 사라졌어도 웃음은 남아 있다'고 했던 체셔 고양이와도 연결이 되네요.

C 이젠 앨리스 이야기를 넘나들며 연결까지 잘 하는구나.

M '아무도 안' 이야기로도 해석할 수 있을 것 같은데요?

먼저, 앨리스의 말을 식으로 써볼게요. '개에서 뼈다귀를 빼면 아무것도 없다'라고 했으니까 이렇게 쓸 수 있어요.

$$1-1=0$$

C '아무것도 남아 있지 않다'를 0으로 나타내기 위해 개와 뼈다귀를 모두 숫자 1로 썼구나.

M 제 생각에는 저 식을 두고 앨리스와 여왕이 서로 다르게 해석하고 있는 거 같아요. 앨리스는 '아무것도 없다'라고 말하고 있고, 여왕은 '0이 남아 있다'라고 하는 거죠.

C   그럴 듯한데? 이제 하산해도 되겠구나.

M   선생님 덕분에 앨리스 이야기를 보는 안목이 좀 생긴 거 같아요.

C   가르친 보람이 있구나.

M   제가 좀 그런 학생이죠. 그럼 9장에서 이 부분을 마저 읽어볼게요.

(앨리스가 나중에 설명한 바에 따르면) 모든 종류의 일이 한꺼번에 일어났다. 양초들은 천장까지 자라나 꼭대기에서 불꽃놀이를 하는 골풀밭처럼 보였다. 병들은 한 쌍의 접시들을 급하게 날개로 달고 포크를 다리로 만들어서 이리저리 날아다녔다. '정말 새처럼 생겼네'라고 중얼거리면서, 앨리스는 끔찍하게 혼란스러운 모습을 지켜보았다.

C   이 부분을 왜 읽은 거니?

M   뭔가 판타지적이잖아요. 양초들이 천장으로 올라가는 장면은 〈해리 포터〉에 나오는 장면하고도 비슷해요. 병들이 접시를 날개로 달고 날아다니는 장면도요.

C   오늘 하루 종일 그 해리 포터인가 뭔가 하는 얘기를 하는구나. 그렇다면 얼른 끝내고 너랑 거기를 가야겠구나.

M   어딜요?

C   가보면 안다. 일단 나머지 장 마무리부터 하자.

10장. 흔들림

앨리스는 붉은 여왕을 탁자에서 들어 올려 있는 힘껏 앞뒤로 흔들었다.

붉은 여왕은 아무런 저항도 하지 않았다. 다만 얼굴이 점점 작아지고 눈은 점점 커지면서 녹색으로 변해가고 있었다. 앨리스가 계속해서 붉은 여왕을 흔들자 점점 더 작아지고… 더 통통해지고… 더 부드러워지고… 더 둥글어지고… 그리고…

11장. 깨어남

그리고 그것은 결국에 정말로 고양이가 되었다.

누구의 꿈일까?

M 어! 10장, 11장은 정말 이게 다네요?

C 그렇다니까.

M 맞아! 이랬어요. 그래서 제가 『거울 나라의 앨리스』도 『이상한 나라의 앨리스』처럼 12개 장으로 만들려고 억지스럽게 늘리신 거 같다고 했잖아요.

C 자, 어서 마지막 장을 읽어보자.

12장. 누구의 꿈이었을까?

"붉은 여왕 폐하, 그렇게 큰소리로 가르랑거리면 아니 되십니다." 앨리스는 두 눈을 비비며 공손하면서도 조금 엄격한 목소리로 아기 고양이에게 말했다. "너 때문에 깼잖아! 정말 멋진 꿈이었는데! 그런데 키티, 거울 나라를 여행하는 내내 너는 나와 함께 있었어. 알고 있었니?"

M 결국 이 이야기도 꿈이었군요.

C 문제는 누구의 꿈이냐 하는 거지.

M 저는 앨리스의 꿈이라고 봅니다. 앨리스가 주인공이잖아요.

C 붉은 왕이 아직까지 꿈을 꾸는 거일 수도 있지.
   그 꿈속에서 앨리스가 깨어난 거고.

M 아니라니까요. 앨리스 꿈이 확실해요.

C 하하~ 녀석. 이제 그만하고 나랑 '이글 앤드 차일드(The Eagle and Child)'라는 펍에 들러보자.

M 펍이면 술집 아니에요? 저 미성년자거든요!

C 가서 구경만 하고 오는 거야. 그곳에서 나 같은 판타지 소설 작가들이 모임을 했다는 얘기를 들었거든.

옥스퍼드 세인트자일스의 펍, 이글 앤드 차일드

M 누군데요?

C 이름이 뭐라더라? 루이스랑 톨킨이라는 거 같았는데.

M 네? 정말요?

C 넌 누군지 아니?

M 당연하죠. C. S. 루이스는 『나니아 연대기』를 쓴 사람이고, J. R. R. 톨킨은 『반지의 제왕』 작가잖아요.

C 아주 그쪽에 빠삭하구나. 여하튼 오늘 말을 듣고 보니 잠깐 가서 구경만 하고 오는 것도 좋을 거 같다.

M 좋은 정도가 아니에요. 빨리 가요. 빨리.

C 에구 녀석~ 천천히 가자.

마르코는 캐럴 선생님과 함께 펍을 둘러보며 옥스퍼드 대학에 뿌리 깊게 내려진 환상 문학의 정취와 흔적을 깊이 음미한다. 그리고 그런 모든 환상적인 이야기들의 출발점은 앨리스가 했던 기상천외한 모험이었을 거라고도 생각해본다. 수학을 연구하는 학자이면서 예술과 문학에도 조예가 깊었던 캐럴 선생님. 마르코는 앨리스의 이야기가 계속해서 사랑받으며 읽히는 이유를 조금은 알 것 같다. 책 속에 녹아 있는 수학에 대한 사랑과 열정. 그리고 아이들을 즐겁게 해주고 싶었던 순수한 마음. 그런 것들이 앨리스의 이야기를 퍼내도 퍼내도 마르지 않는 마법의 샘물로 만든 것은 아닐까.

영국/런던 히드로 공항(LHR) ✈ 서울/인천 공항(ICN)

어제 오후.

숙소에 돌아오자마자 캐럴 선생님이 짐을 싸라고 하신다. 출국은 다음 날인데 갑자기 무슨 일인가 궁금해진 마르코. 이유를 묻자 하루 일찍 런던으로 가는 게 좋을 거 같다고 하신다. 미리 가서 연극을 한 편 보자고. 또 마르코가 가보고 싶다고 했던 그 장소도 함께 들러 여유롭게 보자고. 순간 마르코의 마음이 뭉클해진다. 그동안 혼자 남겨두고 툭하면 어딘가로 사라지셔서 당황스럽기도 했는데… 그 모든 게 오늘을 위한 준비 과정이었다니. 마르코는 캐럴 선생님의 깊은 속을 헤아리지 못한 자신의 얄팍함에 한없이 죄송한 마음이 든다.

그렇게 오후 늦게 도착한 런던. 예약한 시간에 맞춰 연극을 보고 함께 템스강을 걷는다. 웨스트민스터 다리를 건너며 바라보는 빅벤과 국회의사당은 그야말로 장관이다. 런던아이를 타고 감상하는 런던의 야경은 낭만 그 자체다. 하루라서 더욱 아쉬운 런던의 야경 투어. 마르코와 캐럴 선생님은 다리가 아픈 줄도 모르고 하염없이 템스강을 따라 걷고 또 걷는다. 그리고 끝끝내 밝아오고야 마는 마지막 날의 아침.

M 어! 선생님, 일어나세요. 저 거기 가야 돼요.

C 네가 간다는 곳이 도대체 어디냐?

M 해리 포터가 호그와트 마법학교로 가기 위해 열차를 탔던 $9\frac{3}{4}$ 게이트요.

C 그건 어디 가야 있는 거니?

M 킹스크로스 역이래요.

C 그래? 여기서 멀지 않으니까 천천히 걸어가면 되겠구나.

M 어제 걸어 다녀보니까 런던이 생각보다 크지 않던데요?
웬만한 관광지들은 어제 다 본 거 같아요.

C 관광지만 다녔으니까 그렇지. 아직 못 가본 데가 많을 텐데.

M 다음에 또 올 거예요.
암튼 오늘은 비행기 타기 전에 $9\frac{3}{4}$ 게이트를 가야 해요.

C 그 게이트로 들어가면 혹시 한국에 있는 집이 바로 나오는 거냐?

M 하하하. 그러면 좋겠네요.

호텔을 나와 얼마 걷지 않아 도착한 킹스크로스 역.

M 여기에요. 여기!

C 저기에 짐을 싣고 들어가면 되는 모양이구나. 그럼 우리 여기서 헤어지면 되나?

마법학교로 가는 $9\frac{3}{4}$ 게이트

M 하하~ 장난하지 마시구요. 저 여기서 사진 찍어야 하는데…

C 그래? 그럼 빅토리아 시대의 유명 사진작가인 내가 한 방 찍어주지.

M 아이쿠~ 영광입니다.

　　런던 투어를 마치고 마르코는 공항에 도착한다. 그렇게 또다시 다가온
이별의 시간. 막상 헤어지려니 아쉬운 마음이 밀려온다. 어색했던 만남,
유쾌하고 즐거웠던 책 읽기, 그리고 후끈 달아올랐던 토론의 순간들까지.
짧지만 의미 있었던 일주일의 시간이 영화필름처럼 스쳐 지나간다.

M 그동안 즐거웠어요.

C 나도 즐거웠단다.

M 정말이지 최고의 수업이었다니까요.

   앨리스 이야기를 완전히 새롭게 보게 됐어요.

C 그렇다면 다행이구나. 다들 내 수업이 지루하다고 해서 그런 줄
   로만 알았는데 네 덕분에 나도 자신감이 좀 생긴 것 같다.

M 대학생이 아니라 꼬마 아이들을 가르치셨다면 아마 최고의 교사
   로 역사책에 남으셨을 거예요.

C 그 정도였냐? 고맙구나. 그리고 기록해두마. 너와의 즐거웠던 만
   남을 말이야.

M 아직도 기록을 하시는군요.

C 그럼. 습관이 어디 가겠니?

   아 참! 그리고 네 사진. 잊을 뻔했구나.

M 아~ 맞다. 지난번에 땡볕에서 찍은 그 사진요.

C 잘 간직해라. 앨리스가 너에게 전하는 말도 뒷면에 적어놓았다.

M 감사합니다.

C 조심해서 가고 숙제는 곧 편지로 도착할 거다.

   내가 쓴 98,722번째 편지 말이다.

M 네? 숙제를 편지로요? 정말 못 말리겠어요.

   캐럴 선생님과 헤어진 뒤 마르코는 가만히 사진을 바라본다. 찡그렸던
얼굴의 주름과 그 아래 음영까지도 세밀하게 찍혀 나온 흑백 사진이 묘하
게 매력적이다. 그리고 사진을 돌려 선생님이 써준 글귀를 읽어본다.

"여기에서 어느 길로 가야 하는지 알려주시겠어요?"

"그건 네가 어디로 가고 싶은지에 따라 달라지지." 체셔 고양이가 말했다.

"저는 어디로 가든 상관없어요." 앨리스가 말했다.

"그럼 어느 길로 가든 상관없겠지." 고양이가 말했다.

"어딘가에 도착할 수만 있다면요." 앨리스가 덧붙여 설명했다.

"분명 그렇게 될 거야." 고양이가 말했다. "충분히 오래 걷는다면 말이야."

– 『이상한 나라의 앨리스』 중에서 –

체셔 고양이에게 길을 묻는 앨리스. 그리고 충분히 오래 걷기만 한다면 어디든 도착할 수 있다는 체셔 고양의 말. 어느 길을 선택하든 뚝심 있게 가라는 선생님의 메시지인 것 같아 괜히 마음이 찡해진다.

이번 여행을 통해 마르코는 한 권의 책으로 얼마나 많은 이야기를 할 수 있는지, 또 얼마나 많은 것을 배울 수 있는지 알게 되었다. 또, 수학이 요동치며 발전하던 시대의 수학자들이 얼마만큼 많은 방황을 하며 고민했는지도 알 수 있었다. 동화 속에 은밀히 숨겨두었던 수학의 세계를 발견하게 한 캐럴 선생님과의 여행. 특별했던 이번 여행의 여운이 마르코의 마음 한편에 오래도록 남아 있을 것만 같다.

· 부록 ·

루이스 캐럴의
수학 퍼즐과 정답

어느 날, 영국 옥스퍼드의 소인이 찍힌 캐럴 선생님의 편지가 집으로 날아왔다. '나의 어린 친구에게'로 시작한 선생님의 편지에는 손수 만드셨다는 수학 문제들이 하나 가득 적혀 있었다.

문제를 빤히 바라보던 마르코는 어느새 연필을 들고 책상으로 향한다. 캐럴 선생님의 매력적인 문제 속으로 빠져들면서…

1. 진실 게임

· 도도새는 모자 장수가 거짓말을 한다고 주장한다.
· 모자 장수는 3월 토끼가 거짓말을 한다고 주장한다.
· 3월 토끼는 도도새와 모자 장수 둘이 거짓말을 한다고 주장한다.

도도새, 모자 장수, 3월 토끼의 주장을 근거로 판단했을 때 진실을 말하고 있는 것은 과연 누구일까?

(힌트) 각 문장을 차례로 참이라 생각하고 다른 말의 참 거짓을 생각해보자.

2. 64＝65일까?

앨리스의 말을 기억하며 다음 사실을 믿을 수 있는지 생각해보자.
가로, 세로가 8칸인 정사각형을 아래 그림처럼 오려 붙이면 가로, 세
로가 각각 13칸, 5칸인 직사각형으로 만들 수 있다. 이때 두 사각형
의 넓이는 각각 64와 65이다. 그렇다면 64＝65인 걸까?

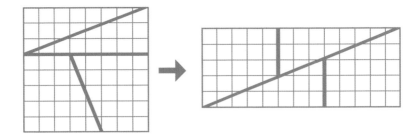

3. 베갯머리 문제

캐럴은 잠이 오지 않는 밤이면 침대에 누워서 수많은 문제들을 발견
해내곤 했다. 그 문제들을 엮어낸 책『베갯머리 문제』에는 다음과 같
은 문제가 실려 있다.

주머니가 하나 있고, 그 안에 공이 하나 들어 있다. 공의 색깔은 빨간
색 아니면 초록색인데, 현재는 어떤 색인지 알 수 없다. 이때, 주머니
안에 빨간색 공을 하나 집어넣고 섞는다. 그런 다음 주머니에 손을

넣어 아무거나 공을 하나 꺼낸다. 꺼낸 공이 빨간색일 때, 주머니 안에 여전히 빨간색 공이 남아 있을 확률은 얼마일까?

4. 왕의 고민

왕은 어느 날 왕실의 재정상태가 좋지 않다는 사실을 깨닫고 곁에 있던 수많은 현명한 사람들을 궁에서 내보내야겠다고 결심했다. 그러나 나라에는 왕조차도 거역할 수 없는 오래된 국법이 있었으니, 그것은 바로 다음과 같은 현명한 사람들을 반드시 궁에 남겨야 한다는 내용이었다.

· 양쪽 눈이 먼 사람 7명, 한쪽 눈이 먼 사람 10명,
· 양쪽 눈으로 보는 사람 5명, 한쪽 눈으로 보는 사람 9명.

그렇다면 왕이 이 국법을 위반하지 않고 궁에 남겨둘 수 있는 현명한 사람들은 최소 몇 명일까?

(힌트) 양쪽 눈이 먼 사람은 한쪽 눈이 먼 사람이기도 하고, 양쪽 눈으로 보는 사람은 한쪽 눈으로 보는 사람이기도 하다.

5. 3차원 미로 찾기

다음은 캐럴이 가족 잡지인 《미시매시》(Mischmasch)에 소개한 미로
이다. 최초의 3차원 미로로 알려진 다음의 미로에서 가운데 있는 사
각형 광장으로 가는 길을 찾아보자.

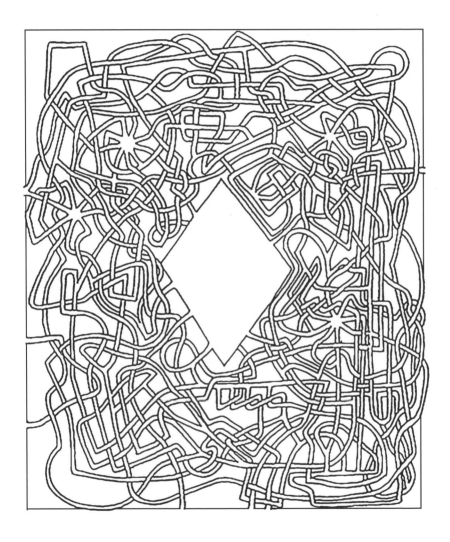

1. 진실을 말하고 있는 이는 모자 장수이다

만약 도도새가 진실을 말하고 있다고 가정한다면, 모자 장수는 거짓말을 하고 있는 것이고, 그것은 3월 토끼가 진실을 말하고 있다는 뜻이 된다. 그러면 '도도새와 모자 장수가 둘 다 거짓말을 하고 있다'는 3월 토끼의 말이 진실이라는 것인데, 이는 도도새가 진실을 말하고 있다는 가정에 모순된다. 따라서 도도새가 진실을 말하고 있다는 가정은 틀렸고, 도도새의 말은 거짓이 된다.

도도새의 말이 거짓이므로 모자 장수의 말은 진실이 된다. 그러면 3월 토끼가 '도도새와 모자 장수 모두 거짓말을 한다'라고 한 말이 거짓말이 되며, 이는 도도새는 거짓말을, 모자 장수는 진실을 말하는 상황과 맞아떨어진다.

마지막으로 3월 토끼의 말이 진실이라고 가정하면, 도도새와 모자 장수가 모두 거짓말을 해야 하는데, 도도새가 거짓말을 하고 있다면 모자 장수의 말이 진실이 되므로 '둘 다 거짓말을 한다'는 3월 토끼의 말과 맞지 않는다. 따라서 3월 토끼의 말은 거짓이다.

2. 64는 65가 될 수 없다

정사각형을 잘라 직사각형으로 만들면 대각선처럼 보이는 선 사이에 작은 공간이 생기게 된다. 그 공간의 넓이가 1이다.

3. 확률은 $\frac{2}{3}$이다

처음 주머니 안에 빨간색 공 또는 초록색 공이 있을 확률은 정확히 반반이다. 그 상태에서 빨간색 공 하나를 집어 넣으면 오른쪽 그림처럼 된다.

이제 임의로 공 하나를 꺼냈을 때, 그 공이 빨간색 공일 경우를 생각해보자. 그러면 다음과 같이 세 가지 경우가 있을 수 있다. 각각의 경우 남아 있는 공이 여전히 빨간색 공일 경우는 3가지 중에 2가지이므로 정답은 $\frac{2}{3}$이다.

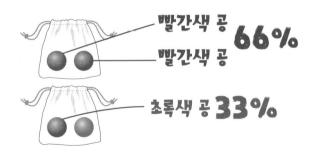

다시 말하자면, 처음 주머니 안에 빨간색 공이 들어 있을 확률은 50%였는데, 빨간색 공 하나를 넣었다가 빼는 과정을 거치고 나서 주머니 안에 빨간색 공이 남아 있을 확률이 66%로 올라간 것이다. (몬티홀 문제의 전신이라 할 수 있는 이 문제를 캐럴은 무려 100년도 더 전에 빅토리아 시대의 잠옷을 입고 침대에 누워 발명한 것이다.)

4. 16명을 남길 수 있다

양쪽 눈이 먼 사람 7명과 양쪽 눈으로 보는 사람 5명을 합하면 12명이 된다. 그런데 양쪽 눈이 먼 사람(7명)은 한쪽 눈이 먼 사람(10명)이기도 하고, 양쪽 눈으로 보는 사람(5명)은 한쪽 눈으로 보는 사람(9명)이기도 하다. 따라서 처음에 말한 12명에서 한쪽 눈만으로 보는 사람을 더하면 된다. 이때, 한쪽 눈만으로 보는 사람은 다음의 두 집단으로 나눌 수 있다.

· 집단 A : 10명(한쪽 눈이 먼 사람) — 7명(양쪽 눈이 먼 사람) = 3명
· 집단 B : 9명(한쪽 눈으로 보는 사람) — 5명(양쪽 눈으로 보는 사람)
　　　 = 4명

그런데 집단 A는 집단 B에 속하므로 결국 한쪽 눈만으로 보는 사람은 총 4명이 된다. 따라서 남길 수 있는 현명한 사람은 총 12명 + 4명 = 16명이 된다.

5. 정답은 다음과 같다

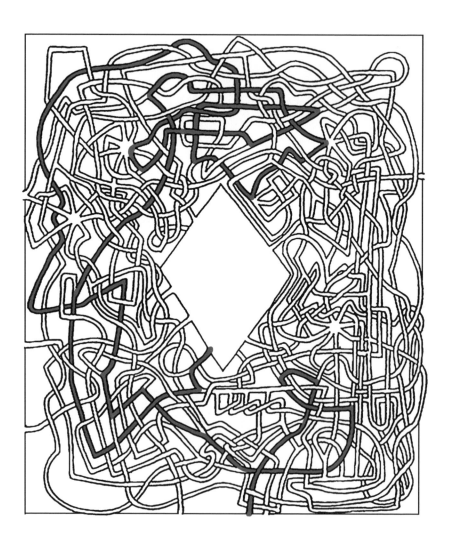

1832	1월 27일 영국 체셔 지방의 데어스베리에서 찰스 도지슨과 프랜시스 제인 럿위지 사이에서 열한 명의 자녀 중 셋째이자 장남으로 태어났다.
1843	요크셔 지방에 있는 크로포트로 이사한다.
1844~1845	사립학교인 리치먼드 스쿨에서 기숙사 생활을 한다.
1946~1849	럭비 스쿨에서 기숙사 생활을 한다.
	다시는 되풀이하고 싶지 않은 3년의 학창시절을 보낸다.
1850	옥스퍼드 최초의 학부 중 하나인 크라이스트 처치에 입학한다.
1851	크라이스트 처치에서 공부를 시작한다.
	어머니 프랜시스 제인 럿위지가 사망한다.
1852	뛰어난 수학 성적을 받아 단과대학의 연구회원으로 임명된다.
	숙소를 제공받고 적으나마 월급을 받게 된다.
1853	일기를 쓰기 시작한다.
1854	12월에 문학학사 학위를 받는다.
1855	수학 강사로 임명되어 강의를 시작한다.
	크라이스트 처치의 도서관 부관장으로 임명된다.
1856	잡지 《트레인》(The Train)에 루이스 캐럴이라는 필명으로 처음 글을 싣는다.
	3월에 카메라를 구입해 사진을 찍기 시작한다.
	4월에 학장인 헨리 리델의 가족을 만난다.
1860	수학 입문서인 『평면 기하학 입문서』(A Syllabus of Plane Algebraic Geometry)와 『유클리드의 초기 저서 두 권에 관한 해석』(Notes on the First Two Books of Euclid)을 집필한다.
1861	옥스퍼드 대학 주교로부터 부제로 임명된다.
	대학 행정에 반대하는 풍자시를 익명으로 발표한다.
1862	7월 4일 헨리 리델의 세 아이들과 함께 템스강으로 뱃놀이를 간다.
	이날 처음 '이상한 나라의 앨리스' 이야기를 들려준다.
1864	존 테니얼과 삽화 작업을 하기로 한다.
1865	『이상한 나라의 앨리스』(Alice's Adventures in Wonderland)가 런던의 맥

밀런 출판사에서 출판된다.

1866	『거울 나라의 앨리스』를 쓰기 시작한다.
1867	두 달 동안 독일과 러시아를 여행한다.
1868	아버지 도지슨 부주교가 갑자기 사망한다.
	가족들을 길퍼드에 정착시킨다.
1869	첫 번째 시집 『판타즈마고리아와 다른 시들』(Phantasmagoria and Other Poems)을 출판한다.
1871	『거울 나라의 앨리스』(Through the Looking Glass, and What Alice Found There)가 크리스마스 때 출판된다.
	다음 해 1월 말까지 15,000부가 팔린다.
1876	『스나크 사냥』(The Hunting of the Snark)을 출판한다.
1877	이스트본의 바닷가에서 첫 여름 휴가를 보낸다.
	이후 거의 20년 동안 이스트본에서 여름 휴가를 보낸다.
1879	찰스 럿위지 도지슨 이름으로 『유클리드와 현대의 맞수들』(Euclid and His Modern Rivals)을 출판한다.
1880	사진 찍는 일을 갑자기 그만둔다.
1881	크라이스트 처치에서 수학과 교수직을 사임한다.
1883	시집 『운율? 그리고 의미?』(Rhyme? And Reason?)를 출판한다.
1885	수학 우화 『뒤죽박죽 이야기』(A Tangled Tale)를 출판한다.
1886	『이상한 나라의 앨리스의 모험』을 런던의 프린스 오브 웨일스 극장에서 상연한다. 이후 『땅속 나라의 앨리스』(Alice's Adventures under Ground)의 복사본을 책으로 출판한다.
	『논리의 게임』(The Game of Logic)을 출판한다.
1889	『어린이를 위한 이상한 나라의 앨리스』(The Nursery Alice)와 『실비와 브루노』(Sylvie and Bruno)를 출판한다.
1893	『실비와 브루노 완결편』(Sylvie and Bruno Concluded)을 출판한다.
1894	『베갯머리 문제』(Pillow Problems thought out during Wakeful Hours)를 출판한다.
1896	『기호논리학』(Symbolic Logic)을 출판한다.
1898	1월 14일, 『기호논리학』 2편을 집필하던 중 기관지염에 걸려 세상을 떠난다.
	길퍼드의 마운트 묘지에 묻힌다.

· 참고 자료 ·

도서

· Lewis Carroll, 『Alice's Adventures in Wonderland AND Through the Looking-Glass and What Alice Found There』, Penguin Classics, 1998.
· Newly Compiled and Edited by Edward Wakeling, 『Lewis Carroll's Games and Puzzles』, Dover book, 1992.
· 곽한영 지음, 『피터와 앨리스와 푸의 여행』, 창비, 2017.
· 더크 스트뢱 지음, 장경윤 · 강문봉 · 박경미 옮김, 『간추린 수학사: 인간 문명 수학의 만남』, 신한출판미디어, 2020.
· 루이스 캐럴 원작, 마틴 가드너 주석, 최인자 옮김, 『Alice,: 이상한 나라의 앨리스, 거울 나라의 앨리스: 마틴 가드너의 앨리스 깊이 읽기』, 북폴리오, 2005.
· 루이스 캐럴 지음, 머빈 피크 그림, 최용준 옮김, 『이상한 나라의 앨리스』, 열린책들, 2007.
· 루이스 캐럴 원작, 존 테니얼 그림, 이남석 풀어씀, 『앨리스, 지식을 탐하다』, 옥당, 2010.
· 루이스 캐럴 지음, 존 테니얼 그림, 조은희 옮김, 『이상한 나라의 앨리스 추리파일: 천재 동화 작가의 기묘한 숫자 미스터리』, 보누스, 2015.
· 루이스 캐럴 지음, 존 테니얼 그림, 정병선 옮김, 『주석과 함께 읽는 이상한 나라의 앨리스』, 오월의봄, 2015.
· 루이스 캐럴 지음, 헨리 홀리데이 그림, 유나영 옮김, 『운율? 그리고 의미? / 헝클어진 이야기』, 워크룸프레스, 2015.
· 신현용 · 신기철 지음, 신실라 그림, 『대칭: 갈루아 이론』, 매디자인, 2017.
· 샌더슨 스미스 지음, 황선욱 옮김, 『수학사 가볍게 읽기』, 청문각, 2016.
· 스테파니 로벳 스토펠 지음, 김주경 옮김, 『루이스 캐럴: 이상한 나라의 앨리스와 만나다』, 시공사, 2001.
· 이언 스튜어트 지음, 안재권 · 안기연 옮김, 『아름다움은 왜 진리인가』, 승산, 2010.

· 쿠엔틴 바작 지음, 송기형 옮김, 『사진: 빛과 그림자의 예술』, 시공사, 2004.

저널

· 〈거울 나라의 앨리스〉, 《수학동아》, 통권9호, 2010. 5.
· 〈이상한 나라의 앨리스〉, 《수학동아》, 통권2호, 2009. 9.

사이트

· https://classic-literature.co.uk/lewis-carroll
· https://gizmodo.com/a-math-free-guide-to-the-math-of-alice
· https://namu.wiki/옥스퍼드 대학교
· https://sabian.org/sabian_alice.php
· https://www.alice-in-wonderland.net/resources/pictures/
· https://www.chch.ox.ac.uk/visiting-christ-church/hall
· https://www.chch.ox.ac.uk/blog/lewis-carroll
· https://www.gutenberg.org/files
· https://www.hsm.ox.ac.uk/lewis-carrolls-photographic-collection
· https://www.maa.org/external_archive/devlin/devlin_03_10.html
· https://www.newscientist.com/article/alices-adventures-in-algebra-wonderland-solved/
· https://www.risingkashmir.com/-On-Lewis-Carroll-and-Alice
· https://www.victorianlondon.org/finance/money.htm
· https://www.wadham.ox.ac.uk/sir-roger-penrose

동영상 자료

· https://www.youtube.com/중세의 대학도시, 옥스퍼드
· https://www.youtube.com/Burke's Backyard, Lewis Carroll

- https://www.youtube.com/Hidden Math in Alice in Wonderland
- https://www.youtube.com/MegaFavNumbers: Lewis Carroll's Number
- https://www.youtube.com/Lewis Carroll's Math Puzzles by Stuart Moskowitz at the San Francisco Public Library
- https://www.youtube.com/Lewis Carroll's Pillow Problem
- https://www.youtube.com/The Mathematical World of C.L. Dodgson
- https://www.youtube.com/The Mind Behind Wonderland | The Secret World Of Lewis Carroll | Timeline
- https://www.youtube.com/The Science of Tintype Photography
- https://www.youtube.com/The Wet Collodion Process

· 도판 출처 ·

존 테니얼 26, 36, 44, 45, 56, 66, 77, 79, 81, 85, 90, 92, 109, 111, 119, 124, 125, 127, 130, 142, 144, 147, 154, 156, 157, 181, 182, 189, 192, 201, 215, 225, 228, 231, 247, 251, 256, 258, 262, 263쪽.

Christie's Images Ltd 29쪽.

Istock 234쪽.

Pixabay 19, 30, 62, 99, 104, 131, 188, 241, 243, 269쪽.

Wikimedia Commons 69, 174, 264쪽.

www.alice-in-wonderland.net 28쪽.

www.chch.ox.ac.uk 106, 244, 245쪽.

www.classic-literature.co.uk 171쪽.

www.hsm.ox.ac.uk 169쪽.

www.wadham.ox.ac.uk 32쪽.

참고 자료